碳纤维增强复合材料加固钢构件耐久性能研究

邓军　汪毅　李俊辉　郭栋 ◎著

中国建筑工业出版社

图书在版编目（CIP）数据

碳纤维增强复合材料加固钢构件耐久性能研究 / 邓军等著. — 北京：中国建筑工业出版社，2023.12
ISBN 978-7-112-29391-9

Ⅰ．①碳…　Ⅱ．①邓…　Ⅲ．①碳纤维增强复合材料 – 钢结构 – 加固 – 研究　Ⅳ．①TU391

中国国家版本馆 CIP 数据核字（2023）第 241026 号

碳纤维增强复合材料（Carbon Fiber Reinforced Polymer，简称 CFRP）因其独特的高质强比、高疲劳韧度和耐久性，在钢结构加固领域具有广阔的应用前景。CFRP 多采用外贴技术，即采用外贴环氧树脂结构胶，将 CFRP 外贴在钢结构表面。由于结构胶的耐久性问题，导致 CFRP/钢界面以及 CFRP 加固钢结构的耐久性失效。本书对 CFRP 加固钢结构技术的耐久性能进行了系统的试验研究和机理分析，并提供基于耐久性的设计方法供工程参考。

本书共有 7 章，主要包括 CFRP/钢界面力学行为、预应力 CFRP 加固钢梁受弯性能研究、CFRP 加固梁的耐久性、CFRP/钢界面耐久性、预应力 CFRP 加固梁的耐久性和设计方法。从材料、界面、结构三个角度，基于试验探究、模拟仿真、理论推导三种方法，对 CFRP 加固钢结构的耐久性问题进行了系统分析。

责任编辑：刘瑞霞　梁瀛元
责任校对：李美娜

碳纤维增强复合材料加固钢构件耐久性能研究

邓军　汪毅　李俊辉　郭栋　著

*

中国建筑工业出版社出版、发行（北京海淀三里河路 9 号）
各地新华书店、建筑书店经销
国排高科（北京）信息技术有限公司制版
建工社（河北）印刷有限公司印刷

*

开本：787 毫米×1092 毫米　1/16　印张：12½　字数：269 千字
2023 年 12 月第一版　　2023 年 12 月第一次印刷
定价：49.00 元
ISBN 978-7-112-29391-9
（41995）

FOREWORD

　　交通运输部在《关于进一步提升公路桥梁安全耐久水平的意见》中明确指出，"十四五"期间要提升桥梁结构安全性、实现新材料突破。超载损伤是钢桥三大主要病害之一，必须进行有效的加固维修。另外，与高铁同运营区间的大部分客运专线将逐步改造为重载货运铁路，相应钢桥的结构性能（尤其是疲劳性能）需要进行大幅提升。因此，研制钢桥结构疲劳性能修复与提升的新技术和新材料，是当前我国公路和铁路工程领域的重大需求。加固钢桥的传统技术大多效率低、施工难度大，采用粘贴碳纤维增强复合材料加固可实现钢构件快速、高效、无损的修复和提升，这一技术也在国内外部分钢桥上（伦敦地铁钢桥、广东平胜大桥等）进行了工程应用。我国2016年颁布的《纤维增强复合材料加固修复钢结构技术规程》YB/T 4558—2016 也为这一技术的应用提供了设计参考。纤维增强复合材料/钢界面是荷载传递的主要途径，也是保持加固构件疲劳性能的控制环节，但组成界面的结构胶的力学性能易受服役环境影响而显著劣化，主要影响因素包括：干湿循环、湿热环境、极端温度等。随着近年来气候极端程度的不断加剧，桥梁的服役环境日益恶劣，这一加固技术全天候条件下的疲劳耐久性仍难以保障，这是当前的技术瓶颈，同时限制了该先进加固方法在交通结构领域的广泛应用。目前缺乏针对纤维增强复合材料加固钢结构环境影响机理及耐久性评价方法进行整理总结的相关书籍，无法为交通工程建造一线的工程师，以及工程加固领域的相关学者、研究生提供系统的机理解释、研究方法、设计方法的思路引导和理论支持。

　　为此，本书作者及团队对此开展了大量试验和机理研究，基本明晰了环境因素对结构胶及纤维增强复合材料/钢界面的影响机理、作用方式和表征方法，并基于试验和理论解析结果，理清了相关耐久度设计思路。本书主要对课题组多年来的研究成果进行总结整理，并对整体研究思路和脉络进行梳理，有助于高校及科研院所的科研工作者从胶层材料、界面及结构三个角度，明晰环境因素的影响以及试验、计算机仿真等研究方法。同时，有助于行业工程师理清纤维增强复合材料加固钢结构的耐久性影响因素以及设计思路，从而扩展该先进加固技术在钢结构加固领域的应用，并保证结构的服役寿命和安全。

　　本书由邓军、汪毅、李俊辉、郭栋编写，费忠宇同志参与了其中部分内容的编写和文字修订工作。在本书出版之际，向所有关心、支持并为本书做过贡献的研究人员表示衷心的感谢。相关研究成果及本书出版，受广州大学"2＋5"平台类项目（PT252022003）、国家自然科学基金项目（52178278，51778151，51278131）、教育部新世纪优秀人才支持计划（NCET-13-0739）等项目支持，在此一并表达感谢！

　　希望本书的出版能给广大的科研及工程技术人员在碳纤维增强复合材料钢结构疲劳加固及修复的耐久性问题上提供参考和帮助。针对纤维增强复合材料加固钢结构耐久性研究依然是近年来的国内外研究热点，本书仅就本课题组的研究工作做出总结整理，若读者在阅读中发现问题，请及时批评指正。

作者

2023 年 6 月

CONTENTS

第 1 章

绪　论

1.1　研究背景

　　钢结构构件因强度高、塑性和韧性好、制造方便、施工周期短、质量轻等优越性能广泛应用于厂房结构、高层建筑、桥梁结构等土木工程领域，具有节能、环保、抗震性能好、可循环使用等特点。全国钢结构产值不断增加，占建筑业总产值的比例总体呈上升趋势，在国民生产生活中占据显著位置。2015—2022 年，全国钢结构产量逐年上升，由 5100 万 t增加至 10445 万 t，同时技术层面也在不断提高，兴建如北京大兴国际机场航站楼、国家速滑馆、深圳平安国际金融中心等各类明星钢结构工程。"十四五"期间对绿色装配式建筑政策利好频出，由于钢结构自身的装配式特征，促成钢结构行业的快速发展。中国钢结构协会 2021 年发布《钢结构行业"十四五"规划及 2035 年远景目标》，提出到 2025 年底全国钢结构用量达到 1.4 亿 t 左右，占全国粗钢产量比例的 15% 以上，同时钢结构建筑占新建建筑面积比例达到 15% 以上。到 2035 年，我国钢结构建筑应用达到中等发达国家水平，钢结构用量达到每年 2.0 亿 t 以上，占粗钢产量 25% 以上，钢结构建筑占新建建筑面积比例逐步达到 40%，基本实现钢结构智能建造。

　　钢结构在服役过程中长期处于受自然环境侵蚀、经受交变荷载作用的环境中，不可避免地产生不同程度的缺陷和损伤，尤其是桥梁结构中的循环荷载和车辆超载导致该问题更加突出。美国交通部数据调查结果显示，2005 年已建成的 20 多万座钢桥中，存在结构性缺陷或损伤的钢桥大约占了 40%[1]。在我国，超过 50% 的铁路桥梁是钢构桥，超载损伤问题较为普遍，当结构损伤不断累积，造成结构突然破坏，最终酿成安全事故。由于钢构件缺陷往往具有局部性，因此无需拆除重建，但需要对其采取及时有效的方法进行修复和加固，以延长损伤钢结构的服役寿命并保证其结构性能[2]。传统的钢结构加固方法是将钢板焊接、用螺栓连接、铆接或者粘结到原结构的损伤部位[3-4]。尽管这些技术能在一定程度上恢复结构的承载能力，改善钢结构损伤部位的受力情况，但是也存在施工效率低、施工难度大、需要重型机械等劣势，同时产生如焊接残余应力、增加结构自重、造成结构二次缺陷等问题。因此，寻找经济高效的修复技术是钢结构加固修复损伤工程中亟待解决的技术问题。

采用轻质、高强和耐腐蚀的碳纤维增强复合材料（Carbon Fiber Reinforced Polymers，简称 CFRP）进行粘结加固可以克服以上问题，提供快速、安全、无损伤的加固方式[5]。CFRP 是由高性能碳纤维和树脂基体组合，通过相应的生产加工工艺制成的高性能复合材料，具有高强度、轻质量、耐腐蚀、抗疲劳等优点。20 世纪 80 年代以来，CFRP 修复混凝土结构技术已经成熟并广泛应用于混凝土梁、板、柱、桥墩等工程结构的加固中[6-9]，在钢结构加固的领域也逐渐开始得到应用。外贴 CFRP 加固缺陷钢构件的工作原理是通过胶粘剂将 CFRP 粘结于损伤钢构件表面[10]，利用胶层在 CFRP/钢界面传递应力，保证该复合结构的协同受力，提升整体的承载能力。相比传统加固技术，外贴 CFRP 修复技术具有明显的性能和施工优势：CFRP 材料轻质高强，不会显著增加原结构的重量；CFRP 具有较强可设计性，可针对不同的工程目的编辑 CFRP 的力学性能，以求在成本和性能方面取得最佳平衡[11]。由此可见，粘结 CFRP 在钢结构加固领域具有广阔应用前景。这一技术在国内外部分钢桥上（伦敦地铁钢桥、广东平胜大桥等）进行了工程应用。

我国 2016 年颁布的《纤维增强复合材料加固修复钢结构技术规程》YB/T 4558—2016 为 CFRP 加固钢结构技术的应用提供了设计参考，并得到了广泛工程实践。鉴于当时研究储备不足，在此版本的规范中对于 CFRP 加固钢结构的超载损伤和耐久性问题考虑不充分，限制了该项技术在湿热、干湿循环、疲劳过载等恶劣条件下的应用。为此，本书作者及所在团队对此开展了大量试验、理论和模拟仿真研究，尤其针对我国南方沿海地区常见的湿热、干湿循环、极端温度等环境问题，以及超载损伤、过载损伤等载荷状态，从机理、界面行为、结构性能层面进行了深入解析，并将部分研究成果呈现在本书中，以供科研人员、结构工程师参考。

1.2 材料性能（钢、FRP、结构胶）

近年来，随着国内结构加固行业对纤维增强复合材料（Fiber Reinforced Polymers，简称 FRP）需求度不断增长，国内逐渐兴起多个本土 FRP 制品及结构胶品牌，如卡本（Carbon）、悍马（Horse construction）等。为方便科研和工程设计人员选择合适的加固材料，现将国产 FRP 及结构胶的主流型号及性能总结如表 1-1～表 1-5 所示。

碳纤维板　　　　　　　　　　　　　　　　　　　　　表 1-1

品牌	型号	抗拉强度（MPa）	受拉弹性模量（MPa）	伸长率（%）	层间剪切强度（MPa）
卡本（Carbon）	CFP-I-14[12]	2625.5	1.80×10^5	1.7	52.4
	CFP-I-20[13]	2533.2	1.70×10^5	1.7	53.5
悍马（Horse construction）	HM-1.2T[14]	2743.26	1.71×10^5	1.50	
	HM-1.4T[14]	3044.36	1.58×10^5	1.77	
	HM-2.0T[14]	2999.75	1.58×10^5	1.80	
	HM-20 Grade I [14]	4318.07	2.56×10^5	1.53	
	HM-20 Grade II [14]	3708.16	2.37×10^5	1.44	
	HM-30 Grade I [14]	4840.44	2.30×10^5	1.95	
	HM-30 Grade II [14]	4165.16	2.27×10^5	1.72	
	HM-60 Grade I [14]	4123.43	2.32×10^5	1.69	

结构胶基本力学性能

表1-2

品牌	型号	抗拉强度 (MPa)	受拉弹性模量 (MPa)	伸长率 (%)	抗弯强度 (MPa)	抗压强度 (MPa)	钢对钢拉伸抗剪强度 (MPa)			钢对钢粘结抗拉强度 (MPa)	钢对钢T冲击剥离长度 (MPa)
							23℃±2℃	60℃±2℃	−45℃±2℃		
卡本 (Carbon)	CFRP-A/B	49.2[A1]	4543[A1]	1.64[A1]	74.9[A2]	108.4[A3]	23[A4]	19[A4]	26.3[A4]	51.8[A5]	0[A6]
西卡 (中国)	Sikadur-30CN	54.1[A7]	2970[A7]	1.87[A7]	81.9[A7]	87.5[A7]		17.1[A7]		64.7[A7]	0[A7]
	Sikadur-30CN[A8]	≥40	≥3200	≥1.5	≥60	≥70		≥14		—	0

测量标准：[A1]《树脂浇铸体性能试验方法》GB/T 2567—2008 第5.1条；[A2]《树脂浇铸体性能试验方法》GB/T 2567—2008 第5.2条；[A4]《胶粘剂 拉伸剪切强度的测定（刚性材料对刚性材料）》GB/T 7124—2008；[A5]《胶粘剂对接接头拉伸强度的测定》GB/T 6329—1996；[A6]《工程结构加固材料安全性鉴定技术规范》GB 50728—2011 附录F；[A7]《工程结构加固材料安全性鉴定技术规范》GB 50728—2011 附录F；[A3]《树脂浇铸体性能试验方法》GB/T 2567—2008 第5.3条；[A8]《建筑结构加固工程施工质量验收规范》GB 50550—2010。

结构胶基本力学性能

表1-3

品牌	型号	受拉[A1]				受压[A2]				受弯[A3]			
		弹性模量 (MPa)	屈服强度 (MPa)	极限应变 (%)	极限应力 (MPa)	弹性模量 (MPa)	屈服强度 (MPa)	极限应变 (%)	极限应力 (MPa)	弹性模量 (MPa)	屈服强度 (MPa)	极限应变 (%)	极限应力 (MPa)
MBrace	MBrace® Saturant	3034	54	3.5	55.2	2620	86.2	5	86.2	3724	138	3.8	5

测量标准：[A1]《塑料的拉伸性能标准试验方法》（Standard test method for tensile properties of plastics）ASTM D638；[A2]《硬质塑料压缩性能的标准试验方法》（Standard test method for compressive properties of rigid plastics）ASTM D695；[A3]《非增强和增强塑料及电绝缘材料弯曲性能的标准试验方法》（Standard test methods for flexural properties of unreinforced and reinforced plastics and electrical insulating materials）ASTM D790。

注：本书所列规范受试验年代所限，部分已发止，特此说明。

结构胶安全及耐久性能　　　　表1-4

品牌	型号	不挥发物含量（%）	热变形温度（℃）	触变指数	在各温度下测定的适用期（min）			耐湿热老化能力（%）	耐热老化能力（%）	耐冻融能力（%）
					23℃	30℃	10℃			
卡本（Carbon）	CFRP-A/B	99.3[A1]	66.1[A2]	4.3[A3]	93[A4]	63[A4]	98[A4]	7.2①[A5]	2.3②[A6]	1.8③[A7]

注：①与室温下短期试验结果相比，其抗剪强度降低率；②与同温度下短期试验结果相比，其抗剪强度降低率；③与室温下10min短期试验结果相比，其抗剪强度降低率。

测量标准：[A1]《工程结构加固材料安全性鉴定技术规范》GB 50728—2011（附录H）；[A2]《塑料 负荷变形温度的测定 第2部分：塑料、硬橡胶和长纤维增强复合材料》GB/T 1634.2—2004（附录H）；[A3]《工程结构加固材料安全性鉴定技术规范》GB 50728—2011（附录R）；[A4]《工程结构加固材料安全性鉴定技术规范》GB 50728—2011（附录J）、《胶粘剂 拉伸剪切强度的测定（刚性材料对刚性材料）》GB/T 7124—2008；[A5]《工程结构加固材料安全性鉴定技术规范》GB 50728—2011（附录Q）；[A6]《工程结构加固材料安全性鉴定技术规范》GB 50728—2011（附录L）、《胶粘剂 拉伸剪切强度的测定（刚性材料对刚性材料）》GB/T 7124—2008；[A7]《工程结构加固材料安全性鉴定技术规范》GB 50728—2011 表4.2.2-4、《胶粘剂 拉伸剪切强度的测定（刚性材料对刚性材料）》GB/T 7124—2008。

结构胶安全及耐久性能（2）　　　　表1-5

品牌	型号	耐疲劳应力作用能力	耐长期应力作用（mm）	耐盐雾作用（mm）	25℃下垂流度（mm）
卡本（Carbon）[15]	CFRP-A/B	未破坏①[1]	0.1，试件未破坏②[2]	3.2③[3]	1.3[4]

注：①经 2×10^6 次等幅正弦波疲劳荷载作用后，试件不破坏；②钢对钢拉伸抗剪试件不破坏，且端变形值<0.4mm；③与对照组相比，强度下降率。

测量标准：[1]《工程结构加固材料安全性鉴定技术规范》GB 50728—2011（表4.2.2.4附录M）；[2]《工程结构加固材料安全性鉴定技术规范》GB 50728—2011（表4.2.2.5）、《胶粘剂 拉伸抗剪强度的测定（刚性材料对刚性材料）》GB/T 7124—2008；[3]《工程结构加固材料安全性鉴定技术规范》GB 50728—2011（表4.8.1）、《建筑密封材料试验方法 第6部分：流动性的测定》GB/T 13477.6—2002。

1.3 CFRP 加固钢结构的应用类型及优势

根据结构形式的不同，CFRP 加固钢结构大致可以分为：梁结构受弯加固、空心钢管加固、混凝土填充钢管加固等；而根据加固目的的不同，分为承载力提升加固、抗疲劳加固、抗局部屈曲加固。同时，根据 CFRP 与钢材之间的载荷传递机制，可将其应用分为粘结控制应用（bond-critical application）和接触控制应用（contact-critical application）两个类别。

CFRP 对钢梁结构抗弯性能的外贴加固属于粘结控制应用，此时粘合层的界面剪切应力传递保证了 CFRP 与钢梁基体之间的协同作用，其结构性能主要依赖于钢材和 CFRP 之间的界面粘结强度。而在 CFRP 加固空心钢管和混凝土填充钢管加固的应用中，加固的有效性取决于 CFRP 与钢材之间的接触保持，此时加固效果取决于 CFRP 与钢材界面的正应力传递。

在粘结控制的应用中，CFRP 和钢材之间的界面行为决定 CFRP 极限拉应力的有效利用程度、CFRP 对钢结构力学性能的贡献程度以及该复合结构的极限载荷。

1. 材料优势

（1）纤维增强复合材料，尤其是碳纤维增强复合材料，具有诸多优点，如重量轻、强度高、耐腐蚀、抗老化、耐久性好、疲劳性能优异和物理性能稳定等；加固和修复后不会显著增加构件的尺寸和重量。

（2）纤维增强复合材料的柔性较高，可适应不同表面形状，不影响原始结构外观形貌。同时，可以实现有效粘结率 100%；相对而言，钢板的有效粘结面积达到 100% 是比较困难的，相应的验收标准只要求达到 70%。

（3）纤维增强复合材料性能的可编辑性强，可针对特殊工程用途，采用不同的纤维类型、编织方法，以达到最高的应用效率。基于合理设计，碳纤维加固方法的成本几乎与粘钢加固法相当。

2. 施工优势

（1）碳纤维增强复合材料的强度质量比高，可采用外贴加固方式，无需湿式操作，不需要现场固定设施。由此带来高效施工过程，无需大型设备，降低人工消耗和施工条件限制，在施工期限和施工条件方面具有明显的优势。

（2）纤维增强复合材料的柔性较高，其加固方法适用于多种结构类型（如建筑、构筑物、桥梁、隧道等）、多种结构形状（如矩形、圆形、曲面结构等）、多种结构部件（如梁、板、柱、节点、拱、壳体、墩等）。

（3）检测方法多样，基于碳纤维增强复合材料独特的力学性质，开发多种施工质量及界面完整度检测方法，如表面激光检测、超声波检测、压电陶瓷检测等。

3. 劣势

（1）界面粘结所用结构胶的力学性能及极端环境耐受度较差；

（2）对于钢材表面处理的要求较高，需要熟练施工工人及专业检测设备，同时尚未形成钢材表面处理的施工及验收规范；

（3）为达成最大强度利用效率所需的设计较为复杂。

1.4　CFRP/钢界面粘结性能介绍

CFRP 加固钢梁是一种典型的粘结控制应用，需要对钢材表面进行处理后，利用结构胶将 CFRP 外贴至其下翼缘外侧。对于该组合结构，其主要失效模式如图 1-1 所示[10]。在对钢梁加固后，此时 CFRP 分担大量截面拉应力，因此容易出现拉断；同时，由于承载力提升，在加载点位置，钢梁易出现屈曲破坏。同时，由于钢梁和 CFRP 间的应力通过界面传递，因此在 CFRP/钢界面易出现应力集中，进而导致界面剥离破坏。界面剥离易发生在 CFRP 板端、钢梁缺陷等应力集中位置，此时 CFRP/钢界面是保持加固构件结构性能的控制环节。

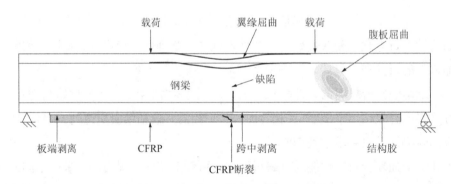

图 1-1　CFRP 加固钢梁主要失效模式

CFRP 与钢结构基体界面存在剪应力和正应力，特别是在结构不连续区域（如 CFRP 板的板端，钢结构表面损伤部位）易产生应力集中现象，进而引发胶层破坏，此种破坏模式被称为"界面剥离（interfacial debonding）"。此时，界面的粘结性能对 CFRP 加固钢结构的力学性能起决定性作用。在 CFRP/钢的界面应力主要存在于剪切（Ⅱ型）和张开（Ⅰ型）方向，称为剪应力（interfacial shear stress）和正应力（interfacial normal stress），两方向的刚度、强度和断裂能是界面力学特征的主要指标。前期研究表明，对于 CFRP 外贴加固无损钢梁，界面的剥离位置主要发生在板端，称为板端剥离破坏（plate-end debonding, PE debonding）[16]，此处的界面应力状态是Ⅰ、Ⅱ型耦合状态，需采用耦合多模式应力分析（coupled mixed-mode analysis）[17-18]；而对于 CFRP 加固损伤钢梁，在缺陷周围的界面Ⅰ型应力状态为压应力[19]，其被认为无法对界面产生损伤，因此对于 CFRP 修复损伤钢梁，多采用纯 II 型分析[20-21]。

CFRP 加固混凝土结构和 CFRP 加固钢结构之间粘结行为的一个重要区别是界面失效的确切位置：对于前者，界面失效通常发生在基底混凝土中，设计理论已经根据这种界面失效的性质隐含或明确地假定；对于后者，界面失效不可能发生在基底钢材中，因为钢材的抗拉强度远高于胶粘剂的抗拉强度。此种情况下，界面失效只能在粘合层内部发生（即内聚失效，cohesive failure），或者在钢材和胶粘剂之间的材料界面（称为"钢/胶粘剂界面"）或胶粘剂和 FRP 之间的材料界面（称为"FRP/胶粘剂界面"）处发生粘附失效（adhesive failure）[4]。前期研究表明，基于合适的表面处理技术，可以使得胶体的内聚力破坏为主要失效模式，此时界面的粘结强度取决于胶粘剂的力学性能。但是在经历恶劣环境侵蚀后，界面的剥离方式可由内聚力破坏转变为界面的黏附失效，最终带来界面的混合模式失效。

1.5 CFRP/钢界面粘结性能试验

CFRP/钢的 II 型界面粘结-滑移关系可以通过拉伸剪切试验来测定，常用的试验形式包括：单层搭接试验（single-lap shear test）和双层搭接试验（double-lap shear test）。通过施力点的力-位移曲线和 CFRP 板轴向应变分布，可以推算出界面的剪应力分布以及各位置的粘结-滑移关系，进而推算出 CFRP/钢界面的力学行为[22-23]。

国内外学者针对 CFRP/钢界面在常温下的力学性能研究相对广泛，分别针对 CFRP 的弹性模量、厚度、宽度、粘结长度；结构胶类型及厚度、加载速率、钢材表面处理方式等影响因素进行了充分研究。同时，可将搭接节点试件置于极端温度、湿热、干湿循环、冻融循环等恶劣环境下，探究不同环境因素对于 CFRP/钢界面的失效模式及力学行为的影响。

1.5.1 常规力学性能试验

基于 CFRP/钢双层搭接节点的拉伸剪切试验，Massimiliano Bocciarelli 和 Pierluigi Colombi[24-25]对比了界面的剥离强度，并用断裂力学对该类构件的极限承载力进行了估算，所用的数值分析结果和试验结果相符。Haider Al-Zubaidy 和 Riadh Al-Mahaidi[26]研究了加载速率对 CFRP/钢双层搭接节点极限承载力的影响。结果表明，试件的破坏模式和界面行为在不同加载速率下均会发生明显变化，加载速率为 3.35mm/min 时界面的承载力最大。

在 CFRP/钢板搭接节点的单向剪切拉伸试验中，曹靖[27]发现 CFRP/钢单剪试件的破坏模式主要为 CFRP 断裂和界面剥离失效，且粘结胶厚度的影响最明显，试验结果与有限元模型吻合良好。刘素丽[28]为了研究 CFRP 加固钢板的粘结破坏过程和破坏机理，提出有效粘结长度和极限粘结力计算公式，对 CFRP-钢搭接试件进行拉伸试验。试验考虑了粘结面积、粘结胶厚度和表面预处理方式对试件破坏特征的影响。试验结果表明，CFRP-钢试件破坏模式主要为 CFRP 断裂和界面剥离破坏，在钢板屈服后 CFRP 与钢板应变出现分离，钢板应变呈现超前现象。粘结面积对极限承载能力提高效果较为明显，但是相对于未加固试件，其延性随着粘结面积的增大而呈下降趋势。同样，在彭福明等[29-30]的 CFRP/钢板搭接节点的静力拉伸试验中，发现在 CFRP 的受力端出现明显的界面应力集中，粘结应力峰值主要出现于端部区域，同时 CFRP 的弹性模量对粘结应力的分布规律以及 CFRP 的有效粘结强度有较大的影响。

Wu 等[31]对钢和高弹模的 CFRP 板双搭接接头进行了疲劳试验研究，5 个试件作为对比试件进行静载拉伸试验，12 个试件进行疲劳试验，疲劳荷载比为 $(0.2 \sim 0.6)P_{max}$（P_{max} 是对比试件的极限承载力的平均值），经过预设的疲劳加载次数后，静载拉伸直到试件破坏。经过对试件的破坏模式、残余粘结强度和残余刚度进行对比发现，随着疲劳荷载比的增加，试件的粘结强度呈现降低的趋势，试件的破坏模式都是一样的，在搭接钢板的中间缝隙处发生剥离破坏。该试验表明，超载损伤使胶粘剂的粘结强度有所降低。

在 CFRP 加固钢结构体系承担疲劳荷载的过程中，CFRP/钢界面和钢材基体同时承担疲劳应力，因此需考虑在此过程中，界面和钢材基体的协同配合。因此，国内外众多学者采用在钢板内部预制裂纹，并外贴 CFRP 修复，通过此试件的疲劳加载，研究在此过程中钢材基体的裂纹扩展和界面的超载损伤。Liu 等[32]在静力荷载下进行了不同程度的预损伤试验，并采用两张弹性模量的 CFRP 布，试验结果表明，在较高弹性模量，疲劳荷载的影响并不很严重。

Sean C. Jone 等[33]为了研究 CFRP 加固对于损伤钢结构疲劳寿命的有效性，对中心开孔试件进行轴向拉伸疲劳试验，试验考虑了材料性能、粘结面积、单面粘结和双面粘结。试验结果表明，中等弹性模量的 CFRP 对于疲劳寿命提高更加有效；单面粘结由于引入了弯曲效应，疲劳寿命提高效果甚微；相对于未加固试件，双面粘结加固法对于损伤试件疲劳寿命的提高非常显著，提高幅度达到 115%，该方法能有效阻止裂纹进一步扩展。

CFRP 加固钢结构的超载损伤的研究，多采用小型节点的疲劳拉伸试验，即对钢板预制裂纹等疲劳缺陷，采用单/双层粘结碳纤维板的方式进行加固，并采用疲劳载荷进行加载。Hongbo Liu 和 Riadh Al-Mahaidi[34]的研究表明，CFRP 加固可以有效地降低裂缝的发展速率并延长试件的疲劳寿命，其中采用低弹模 CFRP 板和双面粘结方法可以将钢材的疲劳寿命提升 2.2～2.7 倍，而高弹模 CFRP 板的加固效果更显著，为 4.7～7.9 倍；同时双层加固相对单层加固对提高疲劳寿命的效果更好，同时外贴 CFRP 的宽度对钢材疲劳加固效果影响显著。在此基础上，P. Colombi 等[35]还考虑了预应力对 CFRP 加固钢结构的疲劳寿命的影响，结果表明施加预应力的 CFRP 加固钢板是原钢板的疲劳寿命的 3～16 倍。且预应力等级、CFRP 弹性模量、CFRP 厚度 3 个因素对加固试件的疲劳寿命都会产生影响；同时，CFRP 与钢材之间的界面剥离会减弱 CFRP 的桥接作用，降低预应力加固对 CFRP 疲劳寿命的延长效果。

1.5.2 耐久性试验

在实际工程中，CFRP 加固钢结构受到各种环境因素的影响，如长期暴露于特定的服役环境中，要经受极端高低温、交变温度等。为了检验该复合结构体系的疲劳耐久，保证其在各环境下的全天候安全服役，必须进行针对性的耐久试验[36-39]。众多研究成果表明，该 CFRP 加固钢结构体系中耐久问题最严重的环节是 CFRP/钢界面，且该界面的力学耐久性能依赖于所用结构胶。目前，在加固钢结构工程中应用较多的胶粘剂是环氧树脂，其对服役温度[40-41]、湿度[42-44]都较为敏感，因此湿热环境对 CFRP 加固钢结构的耐久性有重要影响。

在 CFRP/钢界面的干湿循环试验中，Dawood 和 Rizkalla[38]发现长期荷载效应对粘结强度无明显影响，湿热环境的影响才是关键，同时指出英国规程[45]和意大利规程[46]所采用的 CFRP/钢粘结强度的环境影响系数均偏于保守，有待进一步研究。而 Nguyen 等[40,47]的试验结果也显示持续荷载对粘结强度的影响不明显，并给出了 CFRP-钢粘结构件高温高湿环境下粘结性能的退化模型。在 Ahmed Al-Shawaf 等[48]的研究中发现，−40～−20℃范围内的低温环境对轴向应变有较明显不利影响，搭接接头的脆性性质会加剧，不同类型的粘结胶受影响程度有所区别。对 CFRP-钢双搭接试件在−40～−20℃环境下进行拉伸试验，研究低温环境对 CFRP-钢粘结性能的影响。试验结果表明：CFRP-钢双搭接试件主要破坏模式为胶层内聚破坏和 CFRP 界面剥离破坏；在低温环境下，界面的粘结强度取决于粘结胶的强度。相对而言，目前对粘结胶及 CFRP/钢搭接界面在低温低湿环境下的材料性能的研究不足，尚未对湿热环境变化下粘结性能的退化进行评估。

为了研究海洋环境中的潮湿和炎热条件对 FRP/钢界面的影响，Jonathan M. Woods[49]对比了不同温度（38℃、60℃和 72℃）和酸碱度（pH 值 3、7、8.5、12）作用下的 FRP/钢单层搭接节点的抗拉强度。结果表明，温度对界面力学行为的影响最大，主要是因为环氧树脂在高温下力学性能的劣化。中性水溶液对于粘结性能的影响不大，相反在酸性和碱性环境下粘结性能有明显的下降，其中碱性环境的影响最为严重。CFRP/钢界面在盐水的干湿循环和长期荷载耦合作用下，侵蚀介质将渗透到粘结界面上，导致界面破坏特征明显变化、极限承载力显著降低。国内学者胡安妮等[50]对荷载下干湿交替和盐水复合作用腐蚀环境中，FRP 加固钢结构的耐久性能进行了试验研究。其研究表明：荷载和干湿交替复合作用对 FRP/钢界面的粘结性能有严重不利影响，在长期高幅值荷载作用下，界面的粘结性能不稳定的；同时在荷载和环境的双重作用下，FRP/钢粘结界面可能发生突然的粘结失效。P. Rain[51]等证实了水分子的渗透与扩散会使得界面出现剥离和环氧树脂基体塑化，而在高温湿热环境下，与水分接触充分的界面出现性能退化而环氧树脂内部的后固化作用导致界面出现分层破坏。李江林[52]通过对不同腐蚀龄期的粘结胶标准试件进行拉伸试验，研究氯盐环境对 CFRP 加固混凝土界面胶层的力学性能变化规律。试验结果显示，粘结胶的弹性模量和抗拉强度随着腐蚀龄期的增长先增大后降低，这是由于随着腐蚀龄期增长氧化分解反应的效果要逐渐强于后固化作用的效果。

Tien-Cuong Nguyen 等[42]对 75 个 CFRP/钢双层搭接节点试件进行拉伸剪切试验，研究 CFRP 加固钢结构的力学性能和耐久性能。三种恶劣环境分别为：（1）恒温 50℃的海水；（2）50℃与 90%的湿度；（3）20～50℃变温循环。试验结果显示，在环境（1）中经过浸泡 2～4 个月腐蚀后，试件的强度下降率分别为 85%与 74%，刚度下降率为 61%和 45%。然而在环境（2）与环境（3）中经过浸泡 1000h 后，试件的强度与刚度变化不大，下降率均小于 10%。相对于环境（3）来说，环境（2）条件较为恶劣，因此削弱程度比环境（3）更为显著。

Mina Dawood[38]为了研究 CFRP 加固钢结构的环境耐久性能，将 44 个 CFRP-钢双搭接试件分别置于高温高湿环境腐蚀 1 个月、4 个月和 6 个月，试验考虑了 3 种提高粘结性的方法，即采用硅烷（silane）试剂对试件表面预处理、胶粘剂掺加玻璃纤维以及结合两种方法组合运用。试验结果显示：经过 silane 试剂处理后试件的耐久性能得到有效的提升，尽管玻璃纤维的存在有利于增强试件的初始粘结强度，但对于耐久性能的提高效果不明显。结合两种方式运用能够有效地提高试件的粘结强度和耐久性能。

任慧韬[44]和胡安妮等[50]对在荷载和盐水干湿交替环境下的 CFRP 加固钢板试件进行了试验研究，分析了在荷载和干湿交替环境共同作用下的 CFRP-钢界面破坏特征和极限荷载影响。试验结果显示，在荷载和干湿交替作用下 CFRP-钢界面破坏特征发生明显变化，由于侵蚀介质渗透到 CFRP-钢界面里，导致界面粘结剪切强度退化。荷载和干湿交替环境对界面的粘结性能有很大的不利影响，粘结极限荷载仅达到对比试件的 22%。CFRP-钢界面的粘结性能在荷载和干湿交替作用下不稳定，可能发生突然的失效破坏。

作者团队[53]对 CFRP-钢试件进行了耐久性能试验，试验环境考虑了干湿循环单因素作用、过载损伤单因素作用和干湿循环过载损伤共同作用 3 种恶劣环境影响。试验结果表明，经过 3 个月干湿循环腐蚀后试件承载能力下降 24.4%，过载损伤作用下承载力下降了 18.3%，而在干湿循环和过载损伤共同作用下试件承载力下降了 26.5%，相对于过载损伤，干湿循环环境对试件的承载能力更加不利。

综上所述，目前国内外关于 CFRP/钢界面耐久性的研究结果表明，干湿循环和湿热环境是对 CFRP/钢界面的耐久性能影响最严重的因素。同时，在 CFRP 加固钢结构的服役过程中，伴随着长周期疲劳、过载等复杂载荷因素。因此，为推动 CFRP 加固在我国南方沿海地区的应用，本书着重侧重于介绍 CFRP 加固钢结构在干湿循环、湿热环境和极端载荷作用下的结构性能研究。

在上述试验研究中，大多围绕环境效应对 CFRP/钢界面的宏观力学行为进行表征，为探究环境效应的影响机理，需利用扫描电镜（SEM）、能谱仪（EDS）等测试手段，从微观角度进行探讨。

（1）物理形貌变化

研究表明[54]，在湿热环境中，由于水分子的渗透侵蚀，致使环氧树脂表面裂纹萌生；且不断扩展的裂纹为水分子的提供渗透通道。最终，环氧树脂基体与氧气充分接触，加速环氧基体的塑化，致使整体刚度退化。同时，张晖等[55]的环氧树脂断面形貌观测有类似发现：在长期湿热环境暴露后，环氧树脂断面同样出现较深的凹陷，并产生了丰富的断面纹路和裂痕。

（2）化学结构变化

在对高温湿热环境下的环氧树脂胶研究中，Killlunen 等[56]发现环氧树脂的化学结构发生变化，主要是环氧基的氧化反应和环氧主链断裂，导致解交联反应。这些化学结构变化会引起环氧树脂材料的粘结性能和力学性能的退化，对材料造成不可逆的永久性损伤。张欢等[57]通过结合扫描电子显微镜等多种方法，对环氧树脂及其粘结界面的热氧老化退化机理进行了研究。发现在热氧老化环境下，环氧树脂内部发生后固化反应和氧化分解反应，其中的羟基经过氧化而生成醛基化合物，而亚甲基则被氧化成酰胺。

1.6 FRP 加固钢梁、钢-混凝土组合梁抗弯性能研究

外贴 CFRP 加固梁型结构是通过在钢梁下翼缘底部，尤其是损伤区域，进行表面处理后，涂覆结构胶，并粘结 CFRP 片材，最终形成复合材料体系。CFRP 通过粘结界面与被加固构件协同工作，使荷载通过胶层传递到 CFRP 上，从而承担部分截面拉应力，以发挥其超强的抗拉强度优势。该方法可以提升钢结构的截面抗弯刚度，降低钢结构损伤部位的应力水平，并在裂纹开口位置产生桥接作用，延缓或抑制裂纹的扩展，最终提升钢梁的抗弯承载力，改善其疲劳性能。此应用属于前文所述的粘结控制应用，其主要承载力取决于 CFRP/钢界面的粘结性能。组合梁是指钢和混凝土的组合梁，CFRP 加固存在损伤的组合梁的破坏模式主要有 5 种：混凝土被压碎、CFRP 与钢梁剥离、CFRP 被拉断、钢梁的翼缘或腹板屈曲、混凝土与钢梁间的剪力件破坏，通常是几种破坏模式的组合。

外贴 CFRP 板对梁进行加固，特别是对钢梁加固，往往不能充分发挥 CFRP 板高强的性能，而采用预应力技术成为解决这一问题的有效方法。工程中常采用的预应力加固技术有预应力 FRP 法[58-59]及梁反拱预应力法[45,60]两种形式，如图 1-2 所示。

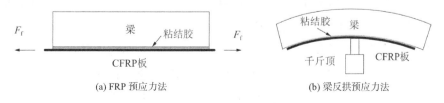

(a) FRP 预应力法　　　　　(b) 梁反拱预应力法

图 1-2　两种预应力施加方法

在本书作者相关试验中[61]，分别通过反拱法和预应力 FRP 板法对试验钢梁施加预应力进行对比试验。结果表明，两种方法均可以发挥 CFRP 板的高强特性，钢梁的抗弯强度得到增强。预应力的损失只与加固钢梁的截面尺寸和材料性能有关，而不受预应力大小的影响。但是，要达到预应力张拉 FRP 法同样的效果，采用反拱法则需要更加大的外加荷载。

1.6.1　试验研究

CFRP 加固主要用于提升无损和预损钢梁、钢混凝土组合梁的静载承载力，以及疲劳寿命。叶黎明[62]通过采用不同长度、宽度和厚度的 CFRP 板对 H 型钢梁进行加固并开展静载抗弯试验。结果表明，采用 CFRP 板加固后，钢梁的受弯承载力和刚度得到了明显的提高，提高的效果与 CFRP 板厚度和宽度有关。CFRP 板越厚加固效果越明显；CFRP 板宽度应当与钢梁宽度等宽。Elyas Ghafoori 等[63]研究了预应力 CFRP 加固钢梁的力学性能，分别考虑了预应力水平、钢材等级和几何尺寸、板材的力学性能等对加固梁的影响。结果表明，加固后钢梁的刚度和屈服强度与截面几何尺寸以及 CFRP 材料性能有关，而预应力水平对钢梁的屈服能力有较明显的提高，但是对钢梁的刚度影响甚微。类似现象在 Tavakkolizadeh 和 Saadatmanesh[64]的工字形钢-混凝土组合梁四点弯曲静载试验中也有报道，其抗弯刚度和极限承载力均有显著增加：采用 1 层、3 层和 5 层碳纤维板加固时，组合梁的屈服承载能力分别增加了 272.6%、275.8%和 279.1%；同时 CFRP 加固显著提高了组合梁屈服后的抗弯刚度。MertZ 等[65]对粘结不同形式的 FRP 修复钢结构桥梁进行了试验研究，发现基于四种不同的修复方案，钢结构桥梁的刚度增加了 11%～30%。最终在小尺寸试验中，端部的界面剥离为主要失效模式；而在全尺寸试验中，因为碳纤维板端剪应力减小，界面剥离被抑制。

为了模拟实际工程中的损伤裂纹，在实验室中对钢梁采用人工切槽的方式进行试验研究，主要在受拉翼缘侧开槽，CFRP 加固钢梁的主要破坏模式是 CFRP 发生剥离或 CFRP 断裂。Amer Hmidan 等[66]通过 CFRP 加固损伤钢梁试验，验证钢梁初始损伤水平对 CFRP 加固效果的影响。通过各种缺口尺寸（分别为 0.1、0.3、0.5 倍梁高的缺口）来模拟钢梁中的多个阶段的疲劳裂纹扩展。试验结果表明，当损伤水平增加时，CFRP 的修复效果更为显著。CFRP 能够抑制加固梁的裂缝位移发展，直到 CFRP 发生明显的剥离。梁初始损伤水平影响缺口尖端的塑性区域，以及 CFRP 的剥离，但是不改变加固梁的破坏模式。

上述研究主要针对 CFRP 加固钢结构的静力学进行研究，但在实际工程中，钢结构桥梁受疲劳荷载，此时结构的超载损伤是其主要病害。同时，由于钢结构的屈服应变较低，对应 CFRP 的应变使用率较低，导致外贴 CFRP 技术对于钢结构的静载承载力提升有限，使得外贴 CFRP 加固主要是针对钢结构疲劳寿命的提升。钢结构的超载损伤主要由腐蚀、焊缝等局部缺陷以及刚度或构造差异所导致的应力集中引起，主要经历裂纹的萌生、稳定扩展和失稳扩展三个阶段[67]。外贴 CFRP 可以增强钢结构的局部截面刚度，可在萌生阶段抑制裂纹的产生；在稳定扩展阶段，CFRP 对裂纹开口施加轴向拉力，形成"搭接效应"，降低裂纹尖端的应力强度因子，以控制裂纹的扩展速率[68-73]。Yu[70]和郑云等[74]以跨中带缺陷的工字钢梁在 CFRP 加固条件下，进行了疲劳试验，试验考虑了不同锚具布置形式对加固钢梁的疲劳性能影响。试验结果表明，锚具对裂纹的扩展有抑制作用，能够明显地降低裂纹扩展速率，提高加固构件的疲劳寿命。将 CFRP 粘结于钢梁疲劳集中区能够显著地提高钢梁的疲劳寿命；已形成初始超载损伤的钢梁，利用 CFRP 粘结修复能够将剩余疲劳寿命提高到未受损水平。

叶列平等[75]的 CFRP 加固含疲劳裂纹钢板试验疲劳拉伸试验研究结果表明，超载损伤钢板采用 CFRP 板粘结加固后，剩余受拉疲劳寿命是未加固钢板的 2.6～6.8 倍，且采用高弹模的 CFRP 板对超载损伤钢板进行双面加固对改善钢板的疲劳寿命最为有效。叶华文[76]等对粘结不同预应力水平的 CFRP 加固双边缺口钢板进行疲劳试验，并建立 CFRP 板加固钢板实体单元三维有限元断裂力学模型，分别分析了预应力水平、粘结胶性能及 CFRP 板弹性模量等参数对应力强度因子的影响。结果表明，对于粘结预应力 CFRP 板的裂纹钢板，预应力水平是主要的影响因素，粘结胶性能及 CFRP 板刚度影响相对较小。

本书作者对 CFRP 加固钢梁的疲劳性能进行了试验验证和理论分析[77]，其中考虑了粘结层的无裂纹寿命和裂纹扩展寿命。试验得到了在最大疲劳荷载作用下的最大界面主应力和无裂纹寿命的 S-N 曲线，疲劳极限值为静载作用下界面主应力的 30%。基于能量释放率的 Paris Law 推导了裂纹扩散寿命预测公式，结果表明公式能较准确地预测裂纹扩展规律。岳清瑞等对粘结 CFRP 布加固钢板的静力拉伸性能和钢吊车梁圆弧端的疲劳性能进行了大量的试验研究。试验结果表明，粘结 CFRP 布后钢板的屈服荷载有较大的提高；与焊接、栓接等传统的修复方法相比，粘结 CFRP 布对改善吊车梁的疲劳性能非常突出。在对钢梁下翼缘采用 CFRP 板双面粘结加固后，疲劳寿命可增强为未加固钢梁的 2.98～6.74 倍[75]，并且在较低应力幅水平下，CFRP 对钢梁的加固效果更好。Yail J. Kim 等[78]为了研究 CFRP 加固带缺陷钢梁的疲劳力学性能，采用试验和有限元模拟相结合的方法，提出一种近似模拟加固梁疲劳反应的有限元模型。试验结果表明，CFRP 修复可使损伤钢梁的承载力恢复到未损伤水平，且加固后梁的疲劳寿命取决于损伤处应力幅值，而 CFRP-钢界面的疲劳寿命取决于所施加的疲劳载荷复制。

综合上述试验成果，发现 CFRP 加固对缺陷钢板受拉以及钢梁受弯的疲劳性能提升一方面取决于外贴 CFRP 的力学参数，另一方面取决于 CFRP/钢界面的疲劳性能。CFRP/钢界面疲劳韧度与结构胶材料的疲劳韧度相关，同时取决于其与 CFRP 及钢材基体间的粘结性能，可通过 CFRP/钢单/双层搭接节点进行测量。

1.6.2　模拟与仿真方法

计算机模拟与仿真是研究 CFRP 粘结加固钢梁的重要手段，随着计算机技术的发展，模型的复杂程度和精准度也逐步提升。其主要优点是适应性强，分析时不受结构形状、受载情况和边界条件的限制，且能够比较真实地反映工程实际。对实际工程的精准模拟取决于其对于实际工程结构中复杂工况的合理简化以及对工程材料本构的精准定义，并且在对数值模型进行试验验证后，可以通过修改模型参数重复运算以进行参数分析。

现有针对 CFRP 加固钢结构的模拟大多基于有限元（finite-element modeling）方法[78-79]，并且可采用二维平面应力方法对模型进行简化。针对钢梁 + 界面 + CFRP 这一组合体系，其不同的不同构造类型如图 1-3 所示[80]：（1）二维实体单元 + 二维黏性单元 + 二维实体单元；（2）二维实体单元 + 二维黏性单元 + 二维梁单元；（3）二维梁单元 + 二维黏性单元 + 二维梁单元；（4）二维梁单元 + 弹簧单元 + 二维梁单元；（5）二维梁单元 + 弹簧单元 + 二维行架单元。由（1）至（5），有限元的复杂程度逐渐降低，计算负担减小，精准程度随之降低。

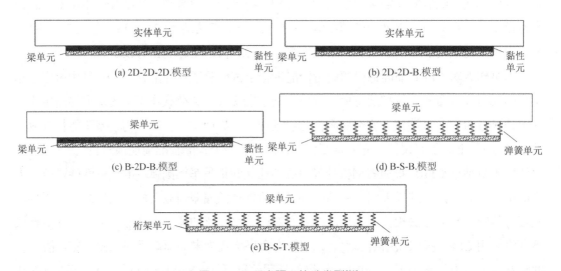

图 1-3 不同有限元构造类型[80]

近年来，随着计算效率的提升，基于二维或三维有限元，采用实体单元模拟钢梁和 CFRP，黏性单元模拟 CFRP/钢界面的力学行为，是近年来所用的主流模拟方法。其中，钢材、CFRP 的材料本构可通过拉伸试验测定；但黏性单元模拟的是一种界面行为，无法直接与结构胶材料性能相关，需通过 CFRP/钢搭接节点的拉伸剪切试验确定。

常用 CFRP/钢界面的黏性单元失效准则如下：

软化开始准则（Quadratic failure criterion）：$\left(\frac{\langle t_n \rangle}{f_t}\right)^2 + \left(\frac{t_s}{\tau_f}\right)^2 + \left(\frac{t_t}{\tau_f}\right)^2 = 1$

剥离准则（Power law criterion）：$\left(\frac{G_n}{G_{\mathrm{I}}}\right)^\alpha + \left(\frac{G_s}{G_{\mathrm{II}}}\right)^\alpha + \left(\frac{G_t}{G_{\mathrm{III}}}\right)^\alpha = 1$

在本书作者 2018 年的研究中[81]，采用混合剥离模式模拟 CFRP 板加固的凹槽钢梁，并将作者的理论和实验结果进行了比较以验证模型。结果表明，该数值模型能够准确模拟 CFRP 板加固的凹槽钢梁的剥离过程，并清除观测到界面纵向剪应力和法向应力随着加载的增加而变化的情况。并开展参数分析，评估了凹槽深度、CFRP 弹性模量和 CFRP 厚度的影响，发现结构的剥离荷载和最终荷载随凹槽深度的增加而显著减小。此外，CFRP 板的弹性模量和厚度增加会增加承载能力，但韧性会降低，导致过早的剥离失效。

1.7　CFRP 加固钢结构的理论解析与设计规范

针对 CFRP 加固钢/混凝土结构，众多国内外学者提出了多样的理论解析方法，分别基于不同的材料本构、结构形式、载荷状态、简化方法，用以预测结构的界面力学行为及其整体性能。其中大部分理论解中，对加固基体所做的基本假定，可适用于混凝土和钢两种结构，因此可以相互代换使用。

1.7.1　理论解析

对于常用的理论解析方法，其所基于的基本假定类似，主要包括：（1）梁和 FRP 为线性弹性材料，（2）忽略了梁和 FRP 板的剪切变形，（3）假设界面剪切应力在粘结层厚度上保持不变。此 3 种假定可以在不严重降低理论解精准度的基础上，有效降低理论解析推导和使用的难度。理论解之间主要区别在于：（1）关注界面剥离位置；（2）是否考虑梁基体的弯曲变形；（3）力学和温度载荷状态；（4）界面的本构假定。

彭福明等[29-30]对 CFRP 粘结钢板试件进行静力拉伸试验，通过测量 CFRP 轴向应变分布情况，得到 CFRP-钢粘结界面的粘结应力变化规律，并推导出理论计算公式与试验结果对比分析。本书作者[82]推导了一种界面应力的理论计算方法，证明了由于 CFRP 板端的不连续性使得板端存在剪应力和正应力集中，并对板端为楔形的情况给出了数值计算方法。同时，在 2016 年的研究中[19]，推导出用于计算 CFRP 板修复预制缺陷钢梁界面应力的理论公式，并给出了在凹槽位置、粘结孔和板端处的最大界面应力表达式。该理论公式基于弹性界面假设，分别预测了Ⅰ、Ⅱ型方向上的界面剪应力。在后续研究中，逐渐发展了文献[19]的 CFRP 板加固梁的界面剪应力及正应力计算公式，使得该理论计算能更广泛地适用于各种荷载条件。其中主要解决了预应力 CFRP 板加固梁技术中常用的预应力 FRP 法和梁反拱预应力法所产生的界面应力问题，并总结出简单实用的最大界面应力计算公式。通过算例对各种工况（包括外荷载、温度变化、预应力作用等）的界面应力及 CFRP 板纵向力进行了计算。结果表明各工况下界面应力有相似的分布，并都显著地引起了应力集中，但反拱预应力法引起的最大界面应力要小于其他几种工况；而通过对 CFRP 板纵向力达到同样的加固预应力效果所产生的界面应力集中更严重；同时，研究表明加固前的恒荷载作用对界面应力的影响可以忽略。通过参数分析发现，CFRP 板的长度对温度变化和预应力 FRP 法产生的最大界面应力没有影响；但对外荷载作用和反拱预应力法产生的最大界面应力有显著的影响，当板端靠近支座时，最大界面应力趋于 0；而各种工况下的最大界面应力均随板厚度的增加而增加。

1.7.2　设计规范

由于纤维增强复合材料与传统金属、混凝土材料的力学性能差异，针对传统建筑材料的相关结构加固设计方案不再适用，需基于其独特性质进行单独考虑。自 20 世纪 80 年代起，日本、美国、欧盟等发达国家和地区开始陆续着手制定纤维增强复合材料加固土木工程结构的相关规范与标准。其中，针对纤维增强复合材料加固钢筋混凝土结构的规范较为丰富，近年来针对钢结构的加固规范也在进一步完善中。

日本：在 1995 年 Hyogoken-nanbu 地震后，逐步采用外贴纤维增强复合材料布对于桥墩和钢筋混凝土柱进行抗震加固，铁道综合技术研究所颁布了《采用碳/芳纶纤维布补强钢筋混凝土桥墩设计和施工指南》[83]，设计指南包括了碳/芳纶纤维布对抗剪强度和延性贡献的计算公式。日本工程师协会于 2001 年提出《连续纤维布混凝土结构加固建议》[84]，对纤维增强复合材料在土木工程领域的综合应用做指引。

美国：1991 年美国混凝土协会成立了 ACI440 委员会，负责开展纤维增强复合材料补强、加固混凝土与砌体结构的研究。此后，ACI440 委员会推出了两部标准，包括《纤维筋增强混凝土结构设计与施工指南》[85]和《外贴纤维增强塑料系统补强混凝土结构设计与施工指南》[86]。

欧洲：英国皇家结构工程师学会于 1999 年出版了《纤维增强复合材料补强钢筋混凝土结构临时设计指南》[87]，并于 2004 年颁布《外贴纤维增强复合材料加固钢结构设计及操作指南》[88]。为满足纤维增强复合材料在结构加固中的设计需求，意大利颁布了 CNR 系列参考规程，分别针对钢筋混凝土结构、钢筋混凝土预制结构、石材结构[89]、竹结构[90]、金属结构[91]，并成为建筑行业部长级规范条例（Ministerial Decree）的组成部分。

中国：在 20 世纪 90 年代中期起，我国开始着手进行 FRP 补强、加固技术的研究，并于 2003 年颁布了《碳纤维片材加固混凝土结构规程》CECS 146—2003[92]，该规范主要涉及纤维增强复合材料在加固混凝土结构中的应用。在钢结构纤维增强复合材料加固与修复的工程设计与实践中，现主要参考《纤维增强复合材料加固修复钢结构技术规程》YB/T 4558—2016。该规范实施以来，在钢结构加固领域得到广泛的应用，取得了巨大的经济和社会效益。该规范主要针对受拉构件加固、轴心受压构件加固、简支工字钢梁受弯加固、内压钢管加固、抗疲劳加固 5 个方面，对纤维增强复合材料加固钢结构的设计方法进行了规定。

其中，针对 CFRP 抗弯加固钢梁提高承载力设计，计算基本采用以下假定：（1）受弯构件界面保持平截面;(2)钢材的应力-应变关系为理想弹塑性关系;(3)FRP 在手拉状态下保持线弹性,FRP 片材的拉应力取 FRP 片材的拉应变与其弹性模量的乘积,且不应超过《纤维增强复合材料加固修复钢结构技术规程》YB/T 4558—2016 规定的 FRP 抗拉强度设计值;(4)玻璃破坏发生在胶粘剂层,由胶粘剂的特性控制,胶粘剂具有线弹性脆性材料的特征。

为限制 CFRP 粘结界面的端部剥离,对 CFRP 板端距离集中荷载位置和弯矩最大位置的距离进行了规定,并通过控制 FRP 片材的拉应变设计值来避免发生中部剥离破坏。同时,对于简支钢梁,规定需将 FRP 片材的端部延伸至梁端弯矩为零的区域;并在 FRP 片材端部正负 45°方向布置 FRP 套箍,以限制 FRP 片材端部剥离破坏。同时,在计算工字钢梁受拉翼缘外侧粘结 FRP 片材抗弯加固时的抗弯刚度时,假定 FRP 与工字钢完全共同工作。

规范对于重要施工细节也进行了相关规定。要求在加固施工中,对钢结构表面进行处理,保证 CFRP 与钢材粘结可靠,以避免发生粘结材料脱离钢材表面的破坏形式。规范规定,钢结构加固的树脂宜采用环氧树脂或乙烯基脂树脂,且钢结构加固树脂应相互适配,避免不同树脂体系相互间化学反应发生冲突,进而影响材料性能与施工性能。加固工程施工和竣工验收需同时配合《建筑工程施工质量验收统一标准》GB 50300—2013 和《建筑结构加固工程施工质量验收规范》GB 50550—2010 等中的相关程序和组织规范。

针对 CFRP 加固钢结构的环境耐久性问题,规范中通过对纤维增强复合材料和结构胶限定环境影响系数进行考虑,分别针对一般室外环境、海洋环境、侵蚀性环境做了相关规定。对于界面及粘结材料(如浸渍树脂和环氧树脂胶粘剂)的耐久性规定为:2000h 的湿热循环加速老化后,钢-钢拉伸剪切强度降低不应大于 20%。且当被加固结构处于高温、高湿、强辐射、腐蚀等环境时,应根据具体环境条件选择有效的防护材料,相应防护材料与处理方法应使加固后结构符合现行国家标准《钢结构设计标准》GB 50017—2017 的有关规定。

针对钢结构的抗疲劳加固,规范规定采用 CFRP 加固仅用于钢结构达到设计使用寿命,但尚未出现疲劳裂纹情况。而对已有疲劳裂纹构件,需对其修复后再用 CFRP 进行加固。进行抗疲劳加固时,宜采用高弹性模量的 CFRP 片材,且纤维方向垂直于既有裂纹的扩展方向或平行于应力集中处的主拉应力方向。对于加固后的钢构件,根据被加固部位的降低后的应力水平进行疲劳验算,并推荐采用端部锚固抑制端部截面的疲劳剥离。

《纤维增强复合材料加固修复钢结构技术规程》YB/T 4558—2016 对结构胶粘剂的适用期、凝胶时间、拉伸强度、抗拉弹性模量、抗压强度、抗弯强度、拉伸剪切强度、对接接头拉伸刚度、玻璃化转变温度等性能指标均做出了相关规定,结合国内对于纤维增强复合材料、结构胶粘剂等原材料的质量标准和检验、试验方法,包含《建筑结构加固工程施工质量验收规范》GB 50550—2010;《碳纤维片材加固混凝土结构技术规程》CECS 146:2003;《定单向纤维增强塑料拉伸性能试验方法》GB/T 3354—1999;《增强制品试验方法第 3 部分:单位面积质量的测定》GB/T 9914.3—2013;《碳纤维增强塑料体积含量检验方法》GB/T 3366—1996;《胶粘剂拉伸剪切强度测定方法》GB/T 7124—1986。FRP 板的质量应符合现行国家产品标准《结构加固修复用碳纤维片材》GB/T 21490—2008、《结构加固修复用玄武岩纤维复合材料》GB/T 26745—2011 的有关规定。抗拉强度标准值应具有95%的保证率。

现有规范依然存在诸如对界面耐久性考虑不够全面、抗疲劳加固规定不够深入等诸多问题。随着技术的进步和市场的拓展，标准涉及的主要内容有了新的发展，应用场景和领域更多，要求相应的技术标准达到更高的水平。为满足当前建筑市场的安全性需求，同时满足"一带一路"工程建设的发展需求，提升我国建筑结构的安全水准，本书作者及团队正积极参与规范的修编工作。

1.8　本书知识架构

作者团队针对碳纤维增强复合材料加固钢构件的耐久性问题进行了多年探索，对非预应力加固和预应力加固构件及其粘结界面开展了理论分析、加固方法、耐久性试验等方面工作，探究了湿热环境和疲劳损伤等主要耐久性因素对加固钢构件性能的影响机理、作用方式和表征方法。本书对相关研究成果进行了总结，整体脉络梳理如图1-4所示。

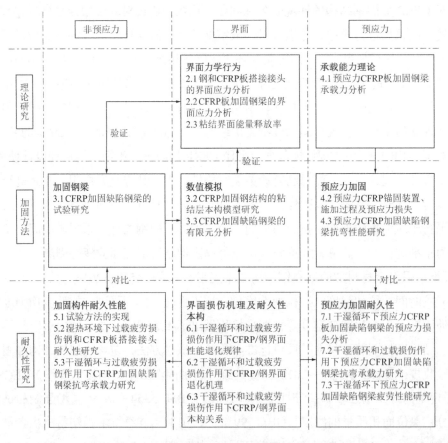

图1-4　本书知识架构

参考文献

[1] GHAFOORI E, ASGHARI M. Dynamic analysis of laminated composite plates traversed by a moving mass based on a first-order theory[J]. Composite Structures, 2010, 92(8): 1865-1876.

[2] 岳清瑞. 碳纤维增强复合材料(CFRP)加固修复钢结构性能研究与工程应用[M]//碳纤维增强复合材料(CFRP)加固修复钢结构性能研究与工程应用. 北京: 中国建筑工业出版社, 2009.

[3] 王光煜. 钢结构缺陷及其处理[M]//钢结构缺陷及其处理. 上海: 同济大学出版社, 1988.

[4] ZHAO X, ZHANG L. State-of-the-art review on FRP strengthened steel structures[J]. Engineering Structures, 2007, 29(8): 1808-1823.

[5] 郑云, 叶列平, 岳清瑞. FRP 加固钢结构的研究进展[J]. 工业建筑, 2005, 35(8): 7.

[6] NORRIS T, SAADATMANESH H, EHSANI M R. Shear and flexural strengthening of R/C beams with carbon fiber sheets[J]. Journal of Structural Engineering, 1997, 123(7): 903-911.

[7] MOSALLAM A S, MOSALAM K M. Strengthening of two-way concrete slabs with FRP composite laminates[J]. Construction and Building Materials, 2003, 17(1): 43-54.

[8] SAADATMANESH H, EHSANI M R, JIN L. Repair of earthquake-damaged RC columns with FRP wraps[J]. ACI Structural Journal, 1997, 94: 206-215.

[9] 叶列平, 冯鹏. FRP 在工程结构中的应用与发展[J]. 土木工程学报, 2006, 3.

[10] TENG J, YU T, FERNANDO D. Strengthening of steel structures with fiber-reinforced polymer composites[J]. Journal of Constructional Steel Research, 2012, 78: 131-143.

[11] 彭福明, 郝际平, 岳清瑞, 等. 碳纤维增强复合材料(CFRP)加固修复损伤钢结构[J]. 工业建筑, 2003, 33(9): 7-10.

[12] 国家化学建筑材料测试中心(建工测试部). 卡本集团 CFP-I-14 碳纤维板检测报告[R]. 2019.

[13] 国家建筑工程质量监督检验中心. 卡本集团 CFP-I-20 安全性鉴定报告[R]. 2021.

[14] ASTM A M. ASTM D3039-standard test method for tensile properties of polymer matrix composite materials[J]. Book ASTM D3039-standard test method for tensile properties of polymer matrix composite materials (ASTM International, 2017), 2017.

[15] 国家建筑材料质量监督检验中心. 卡本集团 CFRP-A/B 碳板胶鉴定报告[R]. 2019.

[16] ZENG J, GAO W, LIU F. Interfacial behavior and debonding failures of full-scale CFRP-strengthened H-section steel beams[J]. Composite Structures, 2018, 201: 540-552.

[17] DE LORENZIS L, FERNANDO D, TENG J. Coupled mixed-mode cohesive zone modeling of interfacial debonding in simply supported plated beams[J]. International Journal of Solids and Structures, 2013, 50(14-15): 2477-2494.

[18] GUO D, ZHOU H, WANG H, et al. Effect of temperature variation on the plate-end debonding of FRP-strengthened steel beams: Coupled mixed-mode cohesive zone modeling[J]. Engineering Fracture Mechanics, 2022, 270: 108583.

[19] DENG J, JIA Y, ZHENG H Z. Theoretical and experimental study on notched steel beams strengthened with CFRP plate[J]. Composite Structures, 2016, 136: 450-459.

[20] WANG J. Cohesive zone model of intermediate crack-induced debonding of FRP-plated concrete beam[J]. International Journal of Solids and Structures, 2006, 43(21): 6630-6648.

[21] GUO D, GAO W, DAI J. Effects of temperature variation on intermediate crack-induced debonding and stress intensity factor in FRP-retrofitted cracked steel beams: An analytical study[J]. Composite Structures, 2022, 279: 114776.

[22] ZHOU H, TORRES J, FERNANDO D, et al. The bond behaviour of CFRP-to-steel bonded joints with varying bond properties at elevated temperatures[J]. Engineering Structures, 2019, 183: 1121-1133.

[23] YU T, FERNANDO D, TENG J, et al. Experimental study on CFRP-to-steel bonded interfaces[J]. Composites Part B: Engineering, 2012, 43(5): 2279-2289.

[24] BOCCIARELLI M, COLOMBI P, FAVA G, et al. Prediction of debonding strength of tensile steel/CFRP joints using fracture mechanics and stress based criteria[J]. Engineering Fracture Mechanics, 2009, 76(2): 299-313.

[25] BOCCIARELLI M, COLOMBI P. Elasto-plastic debonding strength of tensile steel/CFRP joints[J]. Engineering Fracture Mechanics, 2012, 85: 59-72.

[26] AL-ZUBAIDY H, AL-MAHAIDI R, ZHAO X. Experimental investigation of bond characteristics between CFRP fabrics and steel plate joints under impact tensile loads[J]. Composite Structures, 2012, 94(2): 510-518.

[27] 曹靖. 碳纤维增强复合材料加固钢结构理论分析和实验研究[D]. 合肥: 合肥工业大学, 2011.

[28] 刘素丽. 碳纤维布与钢板的粘结机理研究[D]. 武汉: 武汉大学, 2004.

[29] 彭福明. 纤维增强复合材料加固修复金属结构界面性能研究[D]. 西安: 西安建筑科技大学, 2005.

[30] 彭福明, 才鹏, 张宁, 等. CFRP 与钢材的粘结性能试验研究[J]. 工业建筑, 2009, (6): 112-116.

[31] WU C, ZHAO X, CHIU W, et al. Effect of fatigue loading on the bond behaviour between UHM CFRP plates and steel plates[J]. Composites Part B: Engineering, 2013, 50: 344-353.

[32] LIU H, ZHAO X L, AL-MAHAIDI R. Effect of fatigue loading on bond strength between CFRP sheets and steel plates[J]. International Journal of Structural Stability and Dynamics, 2010, 10(01): 1-20.

[33] JONES S C, CIVJAN S A. Application of fiber reinforced polymer overlays to extend steel fatigue life[J]. Journal of Composites for Construction, 2003, 7(4): 331-338.

[34] LIU H, AL-MAHAIDI R, ZHAO X. Experimental study of fatigue crack growth behaviour in adhesively reinforced steel structures[J]. Composite Structures, 2009, 90(1): 12-20.

[35] COLOMBI P, BASSETTI A, NUSSBAUMER A. Analysis of cracked steel members reinforced by pre-stress composite patch[J]. Fatigue & Fracture of Engineering Materials & Structures, 2003, 26(1): 59-66.

[36] BANEA M, DA SILVA L F. Adhesively bonded joints in composite materials: an overview[J]. Proceedings of the Institution of Mechanical Engineers, Part L: Journal of Materials: Design and Applications, 2009, 223(1): 1-18.

[37] DA SILVA L F, CARBAS R, CRITCHLOW G W, et al. Effect of material, geometry, surface treatment and environment on the shear strength of single lap joints[J]. International Journal of Adhesion & Adhesives, 2009, 29(6): 621-632.

[38] DAWOOD M, RIZKALLA S. Environmental durability of a CFRP system for strengthening steel structures[J]. Construction and Building Materials, 2010, 24(9): 1682-1689.

[39] GHOLAMI M, SAM A R M, YATIM J M, et al. A review on steel/CFRP strengthening systems focusing environmental performance[J]. Construction and Building Materials, 2013, 47: 301-310.

[40] NGUYEN T C, BAI Y, AL-MAHAIDI R, et al. Time-dependent behaviour of steel/CFRP double strap joints subjected to combined thermal and mechanical loading[J]. Composite Structures, 2012, 94(5): 1826-1833.

[41] GUO D, LIU Y, GAO W, et al. Bond Behavior of CFRP-to-steel bonded joints at different service temperatures: Experimental study and FE modeling[J]. Construction and Building Materials, 2023, 362: 129836.

[42] NGUYEN T C, BAI Y, ZHAO X L, et al. Durability of steel/CFRP double strap joints exposed to sea water, cyclic temperature and humidity[J]. Composite Structures, 2012, 94(5): 1834-1845.

[43] NGUYEN T C, BAI Y, ZHAO X, et al. Curing effects on steel/CFRP double strap joints under combined mechanical load, temperature and humidity[J]. Construction and Building Materials, 2013, 40: 899-907.

[44] 任慧韬, 李杉, 高丹盈. 荷载和恶劣环境共同作用对 CFRP-钢结构粘结性能的影响[J]. 土木工程学报, 2009, (3): 36-41.

[45] Strengthening metallic structures using externally bonded fibre-reinforced polymers : CIRIA C595[S]. 2004.

[46] Guide for the design and construction of externally bonded FRP systems for strengthening concrete structures : ACI PRC-440.2[S]. 2017.

[47] NGUYEN T C, BAI Y, ZHAO X, et al. Mechanical characterization of steel/CFRP double strap joints at elevated temperatures[J]. Composite Structures, 2011, 93(6): 1604-1612.

[48] AL-SHAWAF A, AL-MAHAIDI R, ZHAO X L. Study on bond characteristics of CFRP steel double lap shear joints at subzero temeprature exposure[J]. Third International Conference on FRP Composites in Civil Engineering (CICE 2006), 2006, 12(13-15).

[49] WOODS J M. Accelerated testing for bond reliability of fiber-reinforced polymers (FRP) to concrete and steel in aggressive environments[D]. The University of Arizona, 2003.

[50] 胡安妮. 荷载和恶劣环境下 FRP 增强结构耐久性研究[D]. 大连: 大连理工大学, 2007.

[51] RAIN P, BRUN E, GUILLERMIN C, et al. Experimental model of a quartz/epoxy interface submitted to a hygrothermal ageing: A dielectric characterization[C]//proceedings of the 2010 10th IEEE International Conference on Solid Dielectrics. 2010.

[52] 李江林. 氯盐环境 FRP 加固腐蚀受损钢筋混凝土界面耐久性研究[D]. 广州: 广东工业大学, 2019.

[53] 李松. 湿热环境下过载损伤钢和 CFRP 板搭接接头的抗拉承载力研究[D]. 广州: 广东工业大学, 2014.

[54] SHI X, ZHANG Y, ZHOU W, FAN X. Effect of hygrothermal aging on interfacial reliability of silicon/underfill/FR-4 assembly[J]. IEEE Transactions on Components and Packaging Technologies, 2008, 31(1): 94-103.

[55] 张晖, 阳建红, 李海斌, 等. 湿热老化环境对环氧树脂性能影响研究[J]. 兵器材料科学与工程, 2010, 33(3): 41-43.

[56] KIILUNEN J, FRISK L. Hygrothermal aging of an ACA attached PET flex-on-board assembly[J]. IEEE Transactions on Components, Packaging and Manufacturing Technology, 2013, 4(2): 181-189.

[57] 张欢, 许文, 邹士文, 等. 环氧胶粘剂及其胶接界面热氧老化机理研究[J]. 材料导报, 2018, 31(12): 104-108.

[58] QUANTRILL R, HOLLAWAY L. The flexural rehabilitation of reinforced concrete beams by the use of prestressed advanced composite plates[J]. Composites Science and Technology, 1998, 58(8): 1259-1275.

[59] GUO X Y, HUANG P Y, ZHENG X H. Mechanical Analysis Lose of Prestressed FRP Laminates for Strengthening RC Beams[J].Key Engineering Materials, 2006, 306-308:559-564.

[60] SMITH I. Maunders road overbridge the behaviour and in-service performance of cast iron bridge girders strengthened with CFRP reinforcement[M]//Advanced Polymer Composites for Structural Applications in Construction. Elsevier, 2004: 711-718.

[61] 邓军, 黄培彦. 预应力 CFRP 板加固钢梁的承载力及预应力损失分析[J]. 铁道建筑, 2007, (10): 4-7.

[62] 叶黎明.CFRP 板加固钢梁受弯性能的试验研究[D]. 桂林: 广西工学院, 2011.

[63] GHAFOORI E, MOTAVALLI M. Flexural and interfacial behavior of metallic beams strengthened by prestressed bonded plates[J]. Composite Structures, 2013, 101: 22-34.

[64] TAVAKKOLIZADEH M, SAADATMANESH H. Strengthening of steel-concrete composite girders using carbon fiber reinforced polymers sheets[J]. Journal of Structural Engineering, 2003, 129(1): 30-40.

[65] MERTZ D R, GILLESPIE JR J W. Rehabilitation of steel bridge girders through the application of advanced composite materials[R]. 1996.

[66] HMIDAN A, KIM Y J, YAZDANI S. CFRP Repair of Steel Beams with Various Initial Crack Configurations[J]. Journal of Composites for Construction, 2011, 15(6): 952-962.

[67] KE L, ZHU F, CHEN Z, et al. Fatigue failure mechanisms and probabilistic SN curves for CFRP–steel adhesively bonded joints[J]. International Journal of Fatigue, 2023, 168: 107470.

[68] LI J, DENG J, WANG Y, et al. Experimental study of notched steel beams strengthened with a CFRP plate subjected to overloading fatigue and wetting/drying cycles[J]. Composite Structures, 2019, 209: 634-643.

[69] DENG J, LI J, ZHU M. Fatigue behavior of notched steel beams strengthened by a prestressed CFRP plate subjected to wetting/drying cycles[J]. Composites Part B: Engineering, 2022, 230: 109491.

[70] YU Q, WU Y. Fatigue durability of cracked steel beams retrofitted with high-strength materials[J]. Construction and Building Materials, 2017, 155: 1188-1197.

[71] YU Q, WU Y. Fatigue retrofitting of cracked steel beams with CFRP laminates[J]. Composite Structures, 2018, 192: 232-244.

[72] CHEN T, GU X, QI M, et al. Experimental study on fatigue behavior of cracked rectangular hollow-section steel beams repaired with prestressed CFRP plates[J]. Journal of Composites for Construction, 2018, 22(5): 04018034.

[73] YU Q, WU Y. Fatigue Strengthening of Cracked Steel Beams with Different Configurations and Materials[J]. Journal of Composites for Construction, 2017, 21(2).

[74] 郑云, 岳清瑞, 陈煊, 等. 碳纤维增强材料(CFRP)加固钢梁的疲劳试验研究[J]. 工业建筑, 2013, 43(005): 148-152.DOI: 10.7617/j.issn.1000-8993.2013.05.032.

[75] 郑云, 叶列平, 岳清瑞. CFRP 板加固含裂纹受拉钢板的疲劳性能研究[J]. 工程力学, 2007, 24(6): 91-97.

[76] 叶华文, 强士中. 预应力 CFRP 板加固钢板受拉疲劳性能试验研究[J]. 西南交通大学学报, 2009, 44(6): 823-829.

[77] 邓军, 黄培彦. CFRP 板与钢梁粘接的疲劳性能研究[J]. 土木工程学报, 2008, 41(5): 14-18.

[78] KIM Y, HARRIES K. Fatigue behavior of damaged steel beams repaired with CFRP strips[J]. Engineering Structures, 2011, 33(5): 1491-1502.

[79] 曹靖, 王建国, 完海鹰. CFRP 加固钢结构吊车梁疲劳有限元分析及应用[J]. 合肥工业大学学报: 自然科学版, 2010, 33(1): 85-88.

[80] ZHANG L, TENG J. Finite element prediction of interfacial stresses in structural members bonded with a thin plate[J]. Engineering Structures, 2010, 32(2): 459-471.

[81] DENG J, LI J H, WANG Y, et al. Numerical study on notched steel beams strengthened by CFRP plates[J]. Construction and Building Materials, 2018, 163: 622-633.

[82] DENG J, LEE M M K, MOY S S J. Stress analysis of steel beams reinforced with a bonded CFRP plate[J]. Composite Structures, 2004, 65(2): 205-215.

[83] Railway Technical Research Institute (RTRI). Design and construction guidelines for seismic retrofitting of railway viaduct columns using aramid fiber sheets[S]. Tokyo (in Japanese), 1996.

[84] Japan Society of Civil Engineers (JSCE). Recommendations for Upgrading of Concrete Structures with Use of Continuous Fiber Sheet, Concrete Engineering Series 41[Z]. 2001.

[85] ACI Committee 440. Guide for the design and construction of concrete reinforced with FRP bars[S]. ACI 440.1-R01, American Concrete Institute, Farmington Hills, Mich., 2001.

[86] ACI Committee 440. Guide for the Design and Construction of Externally Bonded FRP Systems for Strengthening Concrete Structures[S]. ACI 440.2-R17, American Concrete Institute, Farmington Hills, Mich, 2017.

[87] Institution of structural Engineering (ISE). Interim Guidance on the design of reinforced concrete structures using fiber composite reinforcement[S]. Reference No. 319, London, 1999.

[88] Construction Industry Research and Information Association. PUB C595 Strengthening metallic structures using externally bonded fibre-reinforced polymers[S]. 2004.

[89] NRCACTR. Constr.CNR-DT 200-Guide for the Design and Construction of Externally Bonded FRP systems for Strengthening Existing Structures-Materials, RC and PC structures, Masonry structures[Z]. 2004.

[90] NRCACTR. CNR-DT 200/2005-Guide for the Design and Construction of Externally Bonded FRP systems for Strengthening Existing Structures-Materials, RC and PC structures, Timber Structures[S]. 2004.

[91] NRCACTR. CNR-DT 202/2005, Guidelines for the Design and Construction of Externally Bonded FRP Systems for Strengthening Existing Structures, Metallic structures[S]. 2004.

[92] 中国工程建设标准化协会. 碳纤维片材加固混凝土结构规程: CECS 146—2003[S]. 北京: 中国计划出版社, 2002.

第**2**章

CFRP/钢界面力学行为

CFRP 修复钢结构技术成功的关键是确保 CFRP 与钢结构之间的良好锚固,使 CFRP 与钢结构形成一个整体,共同受力。对于采取粘结方式加固的钢构件,CFRP 板与钢之间的胶层存在剪应力和正应力,特别是在不连续区域(如钢结构损伤裂纹处、胶层漏胶缺陷处和 CFRP 板端部等区域),胶层的剪应力和正应力存在严重的应力集中,容易引起 CFRP 板与钢结构之间的脱胶。如果 CFRP 板与钢板过早发生脱胶现象,将严重地影响其修复效果。因此,粘结界面应力状态对于 CFRP 加固效果十分重要,本章将对 CFRP/钢界面力学行为进行探讨。

2.1　钢和 CFRP 板搭接接头的界面应力分析

钢和 CFRP 板搭接接头是研究 CFRP/钢界面力学行为的重要结构,本节在弹性力学理论的基础上推导了钢和 CFRP 板搭接接头粘结界面的应力公式,探究了搭接接头的各项参数对粘结界面最大应力的影响规律。

2.1.1　理论分析模型与基本假定

一种钢和 CFRP 板搭接接头,将 CFRP 上下对称粘结,具体受力形式如图 2-1 所示,在整体宏观结构中取一个微小单元体,将其作为力学计算模型,对其进行受力分析。由图 2-1 可知,单侧 CFRP 板一面粘结,而另一面不受约束,因此当应力从钢板传递到 CFRP 板时,粘结界面存在应力,而自由面则不存在应力,微小单元体需要弯矩和剪力来进行平衡。微单元受力分析示意如图 2-2 所示。其中 V、M 和 N 分别为剪力、弯矩和纵向张力;τ 和 σ 分别是界面处的剪应力和正应力;Z 是钢板厚度的一半[1]。

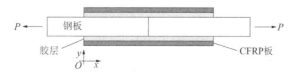

图 2-1　钢和 CFRP 板搭接接头的宏观受力示意

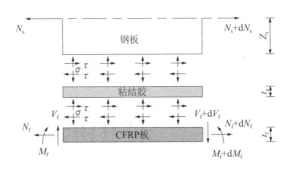

图 2-2　轴力作用下试件微单元受力示意

考虑实际，轴力和温度变化作用下接头的界面应力分析需要合理简化，现针对钢板与 CFRP 板的粘结界面应力分析计算，做出如下基本假定：

（1）所有材料都是线弹性材料，外荷载作用下，受力均在弹性阶段范围内；

（2）胶层的剪应力沿胶层厚度方向和截面宽度方向均匀分布；

（3）胶层是各向同性的，且在粘结范围内厚度均匀，粘结界面不发生脱胶现象。

2.1.2　粘结界面应力计算

由图 2-1、图 2-2 可得：

$$t_a \frac{\mathrm{d}\gamma_a}{\mathrm{d}x} = \varepsilon_s - \varepsilon_f \tag{2-1}$$

式中：x——CFRP 板自由面上的距离；

ε——拉伸应变；

γ——剪切应变；

t——部件的厚度，其中下标 s、a 和 f 分别代表钢、粘结胶和 CFRP 板。

钢板和 CFRP 板的应变为：

$$\varepsilon_s = \alpha_s \Delta T + \frac{P - 2N_f}{E_s A_s} \tag{2-2}$$

$$\varepsilon_f = \alpha_f \Delta T + \frac{N_f}{E_f A_f} \tag{2-3}$$

式中：α 和 ΔT——热膨胀系数和温度变化数值；

N——拉伸荷载；

E 和 A——弹性模量和面积；

P——施加的外荷载。

根据钢板在 x 方向上的力平衡，其剪应力可以写成：

$$\tau(x) = -\frac{1}{b} \frac{\mathrm{d}N_f}{\mathrm{d}x} \tag{2-4}$$

式中：b——粘结胶层的宽度。

结合式(2-1)~式(2-4)，可以得出N_f为：

$$N_f = c_1 e^{-\lambda x} + c_2 e^{\lambda x} + \frac{\Delta\varepsilon_{sf}}{f_2} \tag{2-5}$$

式中：$\lambda = \sqrt{\frac{f_2}{f_1}}$；

　　　$f_1 = \frac{t_a}{bG}$，G为粘结胶层的剪切模量；

　　　$f_2 = \frac{1}{E_f A_f} + \frac{2}{E_s A_s}$；

　　　$\Delta\varepsilon_{sf} = \frac{P}{E_s A_s} + (\alpha_s - \alpha_f)\Delta T$，$\Delta T$为温度变化值；

c_1、c_2——边界相关系数。

将式(2-5)代入式(2-4)可得：

$$\tau(x) = \frac{\lambda}{b} c_1 e^{-\lambda x} - \frac{\lambda}{b} c_2 e^{\lambda x} \tag{2-6}$$

基于几何对称性，CFRP 在x方向上的弯矩、剪应力和正应力的微分方程如下：

$$a_1 \frac{d^4\sigma(x)}{dx^4} + a_2\sigma + a_3\frac{d\tau}{dx} = 0 \tag{2-7}$$

式中：$a_1 = \frac{t_a}{E_a b}$；$a_2 = \frac{1}{E_f I_f}$；$a_3 = \frac{a_2 t_f}{2}$。

通过求解式(2-7)，可将粘结界面的正应力表示为：

$$\sigma(x) = s_1 e^{-\beta x}\cos(\beta x) - \frac{t_f}{2}\frac{d\tau}{dx} \tag{2-8}$$

式中：$\beta = \sqrt[4]{\frac{a_2}{4a_1}}$；$s_1$、$s_2$——与边界相关的常数。

在胶层缝隙位置，x为$l/2$，CFRP 的拉力N_f为$P/2$，其中，l为 CFRP 长度，故剪应力与正应力分别表示为：

$$\tau_{max} = -\frac{\lambda E_s A_s}{2b(E_s A_s + 2E_f A_f)}[P - 2(\alpha_s - \alpha_f)\Delta T E_f A_f] \tag{2-9}$$

$$\sigma_{max} = t_f\left(\beta - \frac{\lambda}{2}\right)\tau_{max} \tag{2-10}$$

通过结合最大剪应力和正应力，最大界面主应力$\sigma_{1,max}$可表示为：

$$\sigma_{1,max} = \frac{\sigma_{max}}{2} + \sqrt{\left(\frac{\sigma_{max}}{2}\right)^2 + \tau_{max}^2} \tag{2-11}$$

2.1.3　钢和 CFRP 板搭接接头算例计算与参数分析

以长度为 200mm 的 CFRP 板与钢的搭接接头为例进行计算，并对比计算结果。钢板板厚$t_s = 5mm$，板宽$b_s = 50mm$，钢板的弹性模量$E_s = 184.7GPa$，钢板的横截面积$A_s = 250mm^2$，CFRP 板的粘结长度$L_f = 200mm$，CFRP 板的宽度$b_f = 50mm$，厚度为$t_f = 1.4mm$，CFRP 板的弹性模量$E_f = 126.8GPa$，CFRP 板截面惯性矩$I_f = 11.43mm^4$，CFRP 板的横截面积$A_f = 70mm^2$，胶层厚度$t_a = 1mm$，剪切模量$G = 3.15GPa$，粘结胶的弹性模量$E_a = 8.2GPa$。钢板的热膨胀系数$\alpha_s = 1.06 \times 10^{-5}/℃$，CFRP 板的热膨胀系数$\alpha_f = 0/℃$。由式(2-6)和式(2-8)

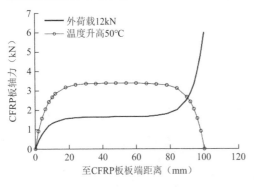

图 2-3 两种工况下 CFRP 板纵向力与
离板端距离关系

分别计算粘结界面的剪应力和正应力，计算主要分为两种工况：①施加$P = 12kN$ 的外荷载；②温度升高 50℃。两种工况下的 CFRP 板的纵向力如图 2-3 所示。由图可知，在外荷载P作用下，靠近板端处，CFRP 板的纵向力逐渐增大，然后进入水平段，在靠近胶层缝隙处，CFRP 板的纵向力继续增大，在中间缝隙处达到最大。在温度升高的情况下，板端和中间缝隙处 CFRP 板的纵向力都为 0，中间段 CFRP 板的纵向力是最大的。

两种工况下剪应力和正应力的分布如图 2-4 所示。在外荷载P作用下，胶层缝隙处的最大界面应力比端部的大。在温度变化的影响下，胶层缝隙处的界面应力和端部的界面应力大小相等。由于应力是可以叠加的，所以当外荷载和温度升高同时发生时，中间缝隙处的受力是有利的，而 CFRP 板端部则会出现更明显的应力集中；当外荷载和温度降低同时发生时，中间缝隙处的受力是不利的，而 CFRP 板端部的受力是有利的，因此对该类构件进行设计时，须对粘结界面应力进行验算，以保证其粘结性能。

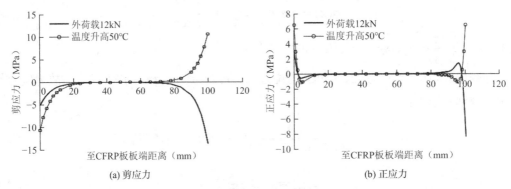

(a) 剪应力　　　　　　　　　　　　　　(b) 正应力

图 2-4 剪应力与正应力分布

进一步分析胶层最大界面应力的主要影响因素，同样在上述两种工况下，取胶层厚度、CFRP 板厚度、钢板厚度 3 个变量对其进行参数分析。

1. 胶层厚度

胶层厚度与界面应力的关系曲线如图 2-5 所示，其他参数不变情况下，随着胶层厚度的加厚，最大界面剪应力和正应力都有一定程度的降低。两种工况下，当胶层厚度由 0.5mm

增加到 2mm 时，最大界面应力降低较明显；由 2mm 增加到 5mm 时，降低的趋势比较平缓。在 12kN 外荷载的作用下，胶层厚度为 0.5mm 时，粘结界面的最大剪应力为 19.22MPa，最大正应力为 13.52MPa；当胶层厚度增加到 2mm 时，粘结界面的最大剪应力和最大正应力分别降低 9.61MPa 和 8.43MPa，降低率分别为 50.0%和 62.4%。在温度升高 50℃的作用下，胶层厚度为 0.5mm 时，粘结界面的最大剪应力为 15.07MPa，最大正应力为 10.60MPa；当胶层厚度增加到 2mm 时，粘结界面的最大剪应力和最大正应力分别降低 7.53MPa 和 6.61MPa，降低率分别为 50.0%和 62.4%。因此，胶层厚度对粘结界面的最大剪应力和最大正应力的影响是较为明显的，在试件加固时，要严格控制胶层的厚度，防止因胶层过薄而使加固效果不明显。

2. CFRP 板厚度

CFRP 板厚度与界面应力的关系曲线如图 2-6 所示，其他参数不变的情况下，在 12kN 外荷载的作用下，随着 CFRP 板厚度的增加，最大界面剪应力和正应力都有一定程度降低。CFRP 板厚度由 0.5mm 增加到 2mm 时，最大界面应力降低得比较明显，尤其是最大界面剪应力；CFRP 板厚度由 2mm 增加到 5mm 时，降低趋势相对平缓。CFRP 板厚度为 0.5mm 时，粘结界面的最大剪应力为 25.10MPa，最大正应力为 12.51MPa；当 CFRP 板厚度增加到 2mm 时，粘结界面的最大剪应力和最大正应力分别降低 14.35MPa 和 5.52MPa，降低率分别为 57.2%和 44.1%。在温度升高 50℃的作用下，随着 CFRP 板厚度的增加，最大界面剪应力和正应力也随之增大，当 CFRP 板厚度为 0.5mm 时，粘结界面的最大剪应力为 7.03MPa，最大正应力为 3.50MPa。当 CFRP 板厚度增加到 2mm 时，粘结界面的最大剪应力和最大正应力分别增加 5.01MPa 和 4.33MPa，增加率分别为 71.3%和 123.7%。两种工况下，界面应力绝对数值随 CFRP 板厚的变化趋势相反，因此，综合实际状况，选择合适的 CFRP 板厚度，有利于提高加固的效果。

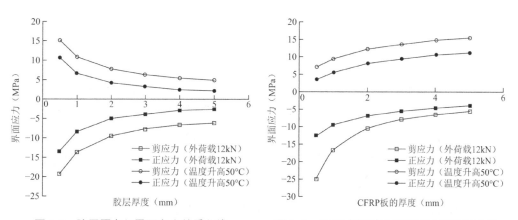

图 2-5　胶层厚度与界面应力关系曲线　　图 2-6　CFRP 板厚度与界面应力的关系曲线

3. 钢板厚度

钢板厚度与界面应力的关系曲线如图 2-7 所示，两种工况下，随着钢板厚度增加，最大

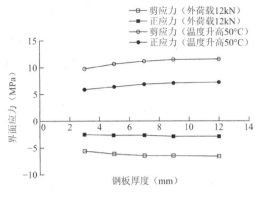

图 2-7　钢板厚度与界面应力的关系曲线

界面剪应力和正应力均出现微增，增加的程度较小。12kN 外荷载作用下，钢板厚度由 3mm 增加到 12mm 的全过程，曲线都较为平缓；其中当钢板厚度为 3mm 时，粘结界面的最大剪应力为 5.59Pa，最大正应力为 2.40MPa；当 CFRP 板厚度增加到 12mm 时，粘结界面的最大剪应力和最大正应力分别增加 1.05MPa 和 0.51MPa。温度升高 50℃的作用下，钢板厚度为 3mm 时，粘结界面的最大剪应力为 9.79Pa，最大正应力为 5.90MPa；当 CFRP 板厚度增加到 12mm 时，粘结界面的最大剪应力和最大正应力分别增加 1.85MPa 和 1.34MPa。钢板厚度的增加会轻微提升粘结界面应力，但对粘结界面的最大剪应力和最大正应力的影响相对另外 2 个变量（胶层厚度、CFRP 板厚度）较小。

综上可知，胶层的厚度和 CFRP 板的厚度对粘结界面应力的影响都很明显，钢板厚度的影响程度相对较小，实际工程加固中，要特别注意胶层厚度和 CFRP 板厚度的控制与选择，从而提高实际工程加固的效果。

2.2　CFRP 板加固钢梁的界面应力分析

CFRP 板加固带钢梁粘结界面的不连续边界是结构的薄弱环节。本节考虑了 CFRP 板加固钢梁板端、裂纹、胶层空鼓三种边界条件，对 CFRP 板加固带裂纹钢梁的界面应力分布公式进行了推导，并提出界面最大剪应力、界面最大正应力的简化计算公式，通过算例计算了钢梁带裂纹、胶层空鼓的界面应力分布情况，同时探究了预应力对界面应力分布的影响，并对各项参数对界面的影响程度进行分析。

2.2.1　理论分析模型与基本假定

从加固钢梁中取一长度为 dx 的微单元作为分析对象，受力情况如图 2-8 所示[2-4]，忽略粘结胶端部剪力和纵向力影响，弯矩、剪力和纵向力分别为 M、V 和 N；界面剪应力和界面正应力分别为 τ 和 σ；梁中性轴到梁底面的距离、CFRP 板中性轴到板顶面的距离和胶层厚度分别为 Z_s、Z_f 和 t_a；同 2.1 节类似，下标 s、f 和 a 分别对应钢梁、CFRP 板和粘结胶，后续内容同样使用该记法。

对 CFRP 板加固缺陷钢梁的理论分析基于弹性力学理论，做出如下基本假设：

（1）钢梁、粘结胶、CFRP 板都是线弹性材料；

（2）界面剪应力与界面正应力沿着胶层厚度方向与宽度方向均匀分布[5]；

（3）忽略 CFRP 板与钢梁在加载过程中的剪切变形，忽略胶层的弯曲变形[5]；

（4）缺陷处截面满足平截面假定；

（5）缺陷处钢梁、粘结胶与 CFRP 板变形协调[6]。

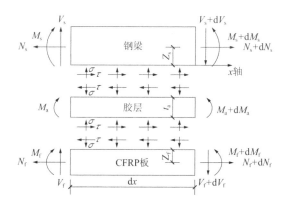

图 2-8 加固钢梁微单元受力图

2.2.2 CFRP 板纵向力计算

由图 2-8 的单元力平衡与弯矩平衡可得：

$$\frac{1}{b}\frac{dN_s}{dx} = -\tau \tag{2-12}$$

$$\frac{dV_s}{dx} = b\sigma \tag{2-13}$$

$$\frac{dM_s}{dx} = V_s - \tau b Z_s \tag{2-14}$$

忽略胶层垂直方向变形，假设剪应力在胶层厚度方向不变化，可得：

$$\frac{d\tau}{dx} = -\frac{G}{t_a}(\varepsilon_s - \varepsilon_f) \tag{2-15}$$

式中：ε_s——钢梁底部应变；

ε_f——与 CFRP 板顶部应变。

二者可表示为：

$$\varepsilon_s = \alpha_s \Delta T - \frac{M_p Z_s}{E_s I_s} + \frac{M_s Z_s}{E_s I_s} + \frac{N_s}{E_s A_s} \tag{2-16}$$

$$\varepsilon_f = \alpha_f \Delta T - \frac{F_p}{E_f I_f} - \frac{M_f Z_f}{E_f I_f} + \frac{N_f}{E_f A_f} \tag{2-17}$$

式中：M_p——加固前给钢梁施加的反拱弯矩；

F_p——CFRP 的预张拉力；

α 和 ΔT——线膨胀系数温度变化；

E、I、A——弹性模量、惯性矩、面积。

由截面纵向力平衡和截面弯矩平衡分别得：

$$N_s = -N_f \tag{2-18}$$

$$M_s + M_f + N_f(Z_s + Z_f) = M_1 \tag{2-19}$$

式中：M_1——外荷载作用产生的弯矩。

忽略M_f，则式(2-19)可简化为：

$$M_s = -N_f(Z_s + Z_f) + M_1 \tag{2-20}$$

将式(2-12)对x求导，并联立式(2-15)、式(2-18)、式(2-20)，可得关于N_f的微分方程：

$$\frac{d^2 N_f}{dx^2} - \lambda^2 N_f + \lambda^2 \frac{\Delta\varepsilon_{sf}}{f_2} = 0 \tag{2-21}$$

式中：

$$\lambda = \sqrt{\frac{f_2}{f_1}} \tag{2-22}$$

$$f_1 = \frac{t_a}{Gb} \tag{2-23}$$

$$f_2 = \frac{(Z_s + Z_f)Z_s}{E_s I_s} + \frac{1}{E_s A_s} + \frac{1}{E_f A_f} \tag{2-24}$$

$$\Delta\varepsilon_{sf} = (\alpha_s - \alpha_f)\Delta T - \frac{M_p Z_s}{E_s I_s} + \frac{F_p}{E_f A_f} + \frac{M_1 Z_s}{E_s I_s} \tag{2-25}$$

式中：$\Delta\varepsilon_{sf}$——忽略胶层黏结作用后，在各种工况作用下钢梁底部与 CFRP 的相对变形；

$(\alpha_s - \alpha_f)\Delta T$——温度作用引起的变形；

$-\dfrac{M_p Z_s}{E_s I_s}$——梁反拱作用引起的变形；

$\dfrac{F_f}{E_f A_f}$——CFRP 预张拉作用引起的变形；

$\dfrac{M_1 Z_s}{E_s I_s}$——外荷载作用下引起的变形。

方程(2-21)具备以下形式的通解：

$$N_f = c_1 e^{-\lambda x} + c_2 e^{\lambda x} + \frac{\Delta\varepsilon_{sf}}{f_2} \tag{2-26}$$

纵向力N_f对应的边界条件包括 CFRP 端部、裂纹位置和胶层空鼓位置。选取边界位置对应的距离分别为$x = l_1$、$x = l_2$，此时对应的纵向力分别为N_{f1}、N_{f2}，则有：

$$c_1 = \frac{\left(N_{f1} - \dfrac{\Delta\varepsilon_{sf1}}{f_2}\right)e^{\lambda l_2} - \left(N_{f2} - \dfrac{\Delta\varepsilon_{sf2}}{f_2}\right)e^{\lambda l_1}}{e^{\lambda(-l_1 + l_2)} - e^{\lambda(l_1 - l_2)}} \tag{2-27}$$

$$c_2 = \frac{\left(N_{f1} - \dfrac{\Delta\varepsilon_{sf1}}{f_2}\right)e^{-\lambda l_2} - \left(N_{f2} - \dfrac{\Delta\varepsilon_{sf2}}{f_2}\right)e^{-\lambda l_1}}{e^{\lambda(l_1 - l_2)} - e^{\lambda(-l_1 + l_2)}} \tag{2-28}$$

关于系数 c_1、c_2 的讨论如下：

（1）若两边界相距较近，$l_2 - l_1 > 0$，则式(2-27)、式(2-28)可化简为：

$$c_1 = \left(N_{f1} - \frac{\Delta\varepsilon_{sf1}}{f_2}\right)e^{\lambda l_1} - \left(N_{f2} - \frac{\Delta\varepsilon_{sf2}}{f_2}\right)e^{\lambda(2l_1-l_2)} \tag{2-29}$$

$$c_2 = -\left(N_{f1} - \frac{\Delta\varepsilon_{sf1}}{f_2}\right)e^{\lambda(l_1-2l_2)} + \left(N_{f2} - \frac{\Delta\varepsilon_{sf2}}{f_2}\right)e^{-\lambda l_2} \tag{2-30}$$

（2）若两边界相距较远，$l_2 - l_1 \gg 0$，则式(2-27)、式(2-28)可化简为：

$$c_1 = \left(N_{f1} - \frac{\Delta\varepsilon_{sf1}}{f_2}\right)e^{\lambda l_1} \tag{2-31}$$

$$c_2 = \left(N_{f2} - \frac{\Delta\varepsilon_{sf2}}{f_2}\right)e^{-\lambda l_2} \tag{2-32}$$

（3）当坐标轴原点设在边界处，$l_1 = 0$，系数 c 取代 c_1，则式(2-27)可简化为：

$$c = N_{f0} - \frac{\Delta\varepsilon_{sf}}{f_2} \tag{2-33}$$

式中：N_{f0}——该边界处 CFRP 板纵向力。

基于上述，不同边界处（N_{f1}、N_{f2}、N_{f0}）的纵向力如下：

（1）CFRP 板端位置：$N_f = 0$。

（2）裂纹位置：设裂纹处钢梁截面面积为 A'_s、惯性矩为 I'_s、中和轴到裂纹顶部的距离为 Z'_s、钢梁裂纹高度为 a。

则由裂纹处截面弯矩平衡条件可得：

$$N_f(Z'_s + a + t_a + Z_f) + M_s = M_1 \tag{2-34}$$

根据平截面假定与裂纹截面的变形协调可得：

$$\frac{M_s(Z'_s + a + t_a + Z_f)}{E_s I'_s} - \frac{N_f}{E_s A'_s} = \frac{N_f}{E_f A_f} \tag{2-35}$$

联立式(2-34)与式(2-35)可得：

$$N_f = \frac{\Delta\varepsilon'_{sf}}{f'_2} \tag{2-36}$$

式中：

$$\Delta\varepsilon'_{sf} = \frac{M_1(Z'_s + a + t_a + Z_f)}{E_s I'_s} \tag{2-37}$$

$$f'_2 = \frac{(Z'_s + a + t_a + Z_f)^2}{E_s I'_s} + \frac{1}{E_s A'_s} + \frac{1}{E_f A_f} \tag{2-38}$$

（3）胶层空鼓位置：令 $a = 0$，$Z'_s = Z_s$，$A'_s = A_s$，$I'_s = I_s$。由式(2-36)可求得 N_f。

2.2.3　粘结界面剪应力计算

将式(2-18)代入式(2-12)，可得加固钢梁界面剪应力：

$$\tau = \frac{1}{b}\frac{\mathrm{d}N_\mathrm{f}}{\mathrm{d}x} = -\frac{1}{b}\lambda c_1 \mathrm{e}^{-\lambda x} + \frac{1}{b}\lambda c_2 \mathrm{e}^{\lambda x} + \frac{1}{bf_2}\frac{\mathrm{d}\Delta\varepsilon_\mathrm{sf}}{\mathrm{d}x} \tag{2-39}$$

将式(2-25)代入式(2-39)可得:

$$\tau = -\frac{1}{b}\lambda c_1 \mathrm{e}^{-\lambda x} + \frac{1}{b}\lambda c_2 \mathrm{e}^{\lambda x} + \frac{Z_\mathrm{s}}{bf_2 E_\mathrm{s} I_\mathrm{s}}\big[V_1(x) - V_\mathrm{p}(x)\big] \tag{2-40}$$

式中: $V_1(x)$、$V_\mathrm{p}(x)$——外荷载、反拱作用引起的剪力。

令坐标原点在边界处,若只计算边界右端附近的应力集中,x轴向右,则式(2-40)可简化为:

$$\tau = -\frac{\lambda c}{b}\mathrm{e}^{-\lambda x} + \frac{Z_\mathrm{s}}{bf_2 E_\mathrm{s} I_\mathrm{s}}\big[V_1(x) - V_\mathrm{p}(x)\big] \tag{2-41}$$

当只计算边界左端附近的应力集中时,剪应力τ的方向与x轴向右时的大小相同,方向相反。

2.2.4 粘结界面正应力计算

设胶层中正应力沿厚度方向不变化,则有:

$$\frac{t_\mathrm{a}\sigma}{E_\mathrm{a}} = \upsilon_\mathrm{f} - \upsilon_\mathrm{s} \tag{2-42}$$

将式(2-42)进行变化,正应力的表示为:

$$\sigma = \frac{E_\mathrm{a}}{t_\mathrm{a}}(\upsilon_\mathrm{f} - \upsilon_\mathrm{s}) \tag{2-43}$$

式中: υ_f与υ_s——CFRP 板顶部与钢梁底部的垂直方向位移,反拱作用相互抵消,其二阶导数可以表示为[7]:

$$\frac{\mathrm{d}^2\upsilon_\mathrm{s}(x)}{\mathrm{d}x^2} = \frac{M_\mathrm{s}(x)}{E_\mathrm{s} I_\mathrm{s}} \tag{2-44}$$

$$\frac{\mathrm{d}^2\upsilon_\mathrm{f}(x)}{\mathrm{d}x^2} = \frac{M_\mathrm{f}(x)}{E_\mathrm{f} I_\mathrm{f}} \tag{2-45}$$

对式(2-43)进行四次求导,结合式(2-12)~式(2-14)、式(2-19)、式(2-44)、式(2-45)得到如下控制方程:

$$f_3 \frac{\mathrm{d}^4\sigma}{\mathrm{d}x^4} + f_4\sigma - f_5\frac{\mathrm{d}\tau}{\mathrm{d}x} - \frac{q}{bE_\mathrm{s} I_\mathrm{s}} = 0 \tag{2-46}$$

式中: q——施加在钢梁上的均布荷载;

$$f_3 = \frac{t_\mathrm{a}}{E_\mathrm{a} b} \tag{2-47}$$

$$f_4 = \frac{1}{E_\mathrm{f} I_\mathrm{f}} + \frac{1}{E_\mathrm{s} I_\mathrm{s}} \tag{2-48}$$

$$f_5 = \frac{Z_\mathrm{s}}{E_\mathrm{s} I_\mathrm{s}} - \frac{Z_\mathrm{f}}{E_\mathrm{f} I_\mathrm{f}} \tag{2-49}$$

忽略包括 q 在内的小项，方程(2-46)的一般解为：

$$\sigma(x) = \mathrm{e}^{-\beta x}[s_1\cos(\beta x) + s_2\sin(\beta x)] + \frac{f_5}{f_4}\frac{\mathrm{d}\tau}{\mathrm{d}x} \tag{2-50}$$

式中：

$$\beta = \sqrt[4]{\frac{f_4}{4f_3}} \tag{2-51}$$

根据边界条件来求得式(2-50)中的系数 s_1 和 s_2。

（1）在 CFRP 板末端，弯矩和剪力为零。由式(2-43)的二次和三次求导分别给出边界条件：

$$\frac{\mathrm{d}^2\sigma(0)}{\mathrm{d}x^2} = \frac{E_a}{t_a}\left(\frac{M_f}{E_f I_f} - \frac{M_s}{E_s I_s}\right) = -\frac{E_a}{t_a}\frac{M_1(0)}{E_s I_s} \tag{2-52}$$

$$\frac{\mathrm{d}^3\sigma(0)}{\mathrm{d}x^3} = \frac{f_5}{f_3}\tau(0) - \frac{E_a}{t_a}\frac{V_1(0)}{E_s I_s} \tag{2-53}$$

结合式(2-41)、式(2-50)、式(2-52)、式(2-53)可求得：

$$s_1 = \frac{c}{2\beta^3 b}\left(-\frac{f_5}{f_3}\lambda + \frac{f_5}{f_4}\lambda^5 - \beta\frac{f_5}{f_4}\lambda^4\right) +$$
$$\frac{1}{2\beta^3}\left[\frac{f_5 Z_s}{f_3 b f_2 E_s I_s}V_1(0) - \frac{\beta E_a}{t_a}\frac{M_1(0)}{E_s I_s} - \frac{E_a}{t_a}\frac{V_1(0)}{E_s I_s}\right] \tag{2-54}$$

$$s_2 = \frac{1}{2\beta^2}\left[\frac{E_a}{t_a}\frac{M_1(0)}{E_s I_s} + \frac{f_5}{f_4}\frac{c}{b}\lambda^4\right] \tag{2-55}$$

（2）在裂缝位置。假设 CFRP 板在缺口横截面处连续继续弯曲，则得出：

$$\frac{M_f}{E_f I_f} = \frac{M_1}{\overline{EI}} \tag{2-56}$$

式中：$\overline{EI}$——截面组合刚度，可表示为：

$$\overline{EI} = E_s I_s + E_f I_f + (Z_s + Z_f)^2\overline{EA} \tag{2-57}$$

$$\frac{1}{\overline{EA}} = \frac{1}{E_s A_s} + \frac{1}{E_f A_f} \tag{2-58}$$

假设裂纹边界处平截面假定仍成立，则在裂纹边界有：

$$\frac{M_s}{E_s I_s} = \frac{M_1}{(\overline{EI})'} \tag{2-59}$$

式中：$(\overline{EI})'$——裂纹处截面组合刚度，可表示为：

$$(\overline{EI})' = E_s I_s' + E_f I_f + (Z_s' + a + Z_f)^2(\overline{EA})' \tag{2-60}$$

$$\frac{1}{(\overline{EA})'} = \frac{1}{E_s A_s'} + \frac{1}{E_f A_f} \tag{2-61}$$

设：

$$\frac{1}{(\overline{EI})_1} = \frac{1}{(\overline{EI})'} - \frac{1}{\overline{EI}} \tag{2-62}$$

则式(2-52)可表示为：

$$\frac{\mathrm{d}^2\sigma(0)}{\mathrm{d}x^2} = \frac{E_a}{t_a}\left(\frac{M_f}{E_f I_f} - \frac{M_s}{E_s I_s}\right) = -\frac{E_a}{t_a}\frac{M_1(0)}{(\overline{EI})_1} \tag{2-63}$$

联立式(2-53)和式(2-63)，可解得：

$$s_1 = \frac{c}{2\beta^3 b}\left(-\frac{f_5}{f_3}\lambda + \frac{f_5}{f_4}\lambda^5 - \beta\frac{f_5}{f_4}\lambda^4\right) +$$
$$\frac{1}{2\beta^3}\left[\frac{f_5 Z_s}{f_3 b f_2 E_s I_s}V_1(0) - \frac{\beta E_a}{t_a}\frac{M_1(0)}{(\overline{EI})_1} - \frac{E_a}{t_a}\frac{V_1(0)}{E_s I_s}\right] \tag{2-64}$$

（3）在空鼓位置则有：

$$\frac{\mathrm{d}^2\sigma(0)}{\mathrm{d}x^2} = \frac{E_a}{t_a}\left(\frac{M_f}{E_f I_f} - \frac{M_s}{E_s I_s}\right) = 0 \tag{2-65}$$

联立式(2-53)和式(2-65)，可解得s_1与s_2。

2.2.5　粘结界面最大应力计算

在边界的左侧，最大剪切应力$\tau_{\max}$可以写成：

$$\tau_{\max} = \frac{1}{b}\lambda c\frac{Z_s}{b f_2 E_s I_s}V(0) \tag{2-66}$$

在边界的右侧，$\tau_{\max}$的方向相反。边界处的最大正应力$\sigma_{\max}$可以写成：

$$\sigma_{\max} = \left(\beta - \frac{\lambda}{2}\right)\frac{t_f \lambda}{b}c - \frac{\beta t_f Z_s}{b f_2 E_s I_s}V(0) \tag{2-67}$$

结合最大剪应力和最大正应力，获得加固钢梁界面最大应力$\sigma_{1,\max}$，其结构形式同钢和CFRP板搭接接头界面最大应力一致，详见式(2-11)。

2.2.6　CFRP加固钢梁算例计算

选取净跨为 1100mm 的简支加固钢梁进行计算，并讨论计算结果。加固梁为 Q235 级工字钢，高 120mm，翼缘宽 74mm，翼缘厚 8.4mm，腹板宽 5mm，其弹性模量E_s为 205.1GPa。CFRP 板长 400mm，板宽b为 74mm，板厚t_f为 1.4mm，弹性模量E_f为 127.2GPa。粘结胶层厚度t_a为 1mm，弹性模量E_a为 11.2GPa，泊松比 0.3。钢梁的加载方式为四点弯曲，在距跨中 100mm 处施加两个 35kN 的集中荷载。共考虑 3 个缺陷：加固钢梁在距离板左端 80mm、200mm 处各有一条长为 14.4mm 的裂纹、在距离板右端 80mm 处胶层空鼓，如图 2-9 所示。

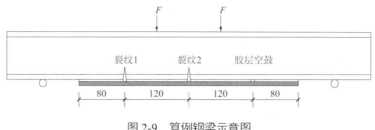

图 2-9　算例钢梁示意图

由式(2-41)和式(2-50)分别计算粘结界面的剪应力和正应力,图 2-10 为计算所得的加固梁界面应力分布图。如图所示,加固钢梁在裂纹与板端、胶层空鼓处均会对界面产生应力集中,其中裂纹处的应力集中程度最明显,在离板端 80mm 的裂纹界面剪应力与正应力大小分别为 65.8MPa 和 45.5MPa;离板端 200mm 的裂纹界面剪应力与正应力大小分别为 69.3MPa 和 47.9MPa;而端部位置应力集中次之,其界面剪应力与正应力大小分别为 17.4MPa 和 12.1MPa;胶层空鼓对界面应力的影响最小,界面剪应力与正应力分别为 0.9MPa 和 0.7MPa。

图 2-11 为加固梁的 CFRP 板纵向力分布图。加固钢梁 CFRP 板的纵向力在板端与裂纹附近均有快速增长,在其他位置变化不明显。由于裂纹处钢梁截面中性轴以下部分基本没参与工作,主要由 CFRP 板承担截面弯矩,所以该截面附近 CFRP 板纵向力增长趋势明显大于板端位置。离板右端 80mm 处的胶层空鼓因对钢梁截面中性轴位置影响不大,故截面刚度基本不变,截面的弯矩主要由钢梁与 CFRP 板协同承担,所以胶层空鼓对 CFRP 板纵向力的影响很小。

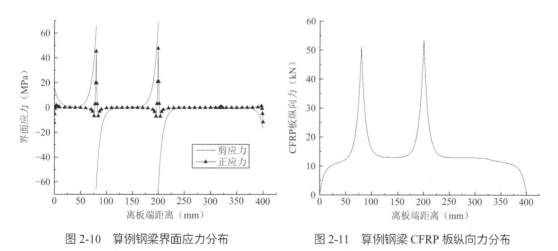

图 2-10　算例钢梁界面应力分布　　　　图 2-11　算例钢梁 CFRP 板纵向力分布

2.2.7　预应力加固对界面应力分布的影响

为探讨预应力加固对粘结界面应力的影响,选取四点弯曲简支加固钢梁进行计算。其中加固梁净跨为 1300mm,加载点间距为 300mm。加固梁取 Q235B 等级的 H 型钢,梁高 150mm,

翼缘宽 100mm，翼缘厚 9mm，腹板宽 6mm，其弹性模量 E_s 为 197.3GPa。假定钢梁跨中的受拉翼缘及腹板带有初始贯穿裂纹，深度为 18mm。CFRP 板粘结长度为 800mm，板宽 b 为 50mm，板厚 t_f 为 2mm，其弹性模量 E_f 为 183.2GPa。粘结胶层厚度 t_a 为 1mm，其弹性模量 E_a 为 4.89GPa，泊松比取 0.3。假定 CFRP 板的预应力为 56kN，加固钢梁承受 40kN 的外荷载。

1. 施加预应力对粘结界面的影响

由公式(2-26)计算得到预应力施加后 CFRP 板的轴力分布，结合 CFRP 板的弹性模量及横截面积，可以得到 CFRP 板的应变分布图，如图 2-12 所示，CFRP 板的应变在跨中裂纹处最小，随着离跨中距离增大，CFRP 板应变不断增加并趋于稳定，接近预应力张拉应变值。裂纹处 CFRP 板应变最小的原因是初始缺陷的存在使得钢梁跨中截面处的抗弯刚度减小，放张后裂纹处 CFRP 板的回缩量最大，从而导致应变大幅减小。

由式(2-40)和式(2-50)可以计算出预应力放张后粘结界面的应力分布情况，如图 2-13 所示。从图中可以看出，当预应力放张后，在裂纹处的粘结界面会产生很大的界面应力。预应力放张后导致加固钢梁产生反拱，钢梁压缩和弯曲变形使得粘结界面正应力出现负值（理论推导中假设胶层受压为正），也产生了较大的界面剪应力。此时粘结界面不仅承受剪应力，而且存在垂直方向的拉应力，裂纹处粘结界面胶层处于法向应力受拉的状态，此状态下容易发生界面破坏。

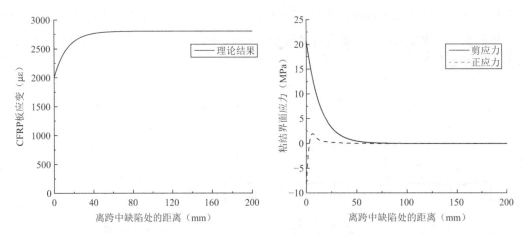

图 2-12　预应力放张后 CFRP 板的应变分布　　图 2-13　预应力放张后 CFRP 板的界面应力分布

因此，在对缺陷钢梁进行预应力加固的时候，有必要考虑 CFRP 预应力大小对界面造成的影响，施加的预应力大小不能超出某一个限值。如果界面主应力大于界面的粘结强度，粘结界面发生剥离破坏，则最大允许预应力值产生的界面主应力不应大于界面粘结强度，可利用式(2-11)计算最大允许预应力。

2. 预应力加固梁在外荷载作用下的界面应力分布

按照理论公式计算了外荷载 40kN 作用下非预应力和预应力工况下的粘结界面剪应力和正应力，如图 2-14 所示。从图中可以发现，随着预应力的引入，粘结界面的最大剪应力和最大正应力均出现了明显的下降，分别下降了 74.1% 和 75%，说明预应力改善了裂纹处胶层的应力状态。

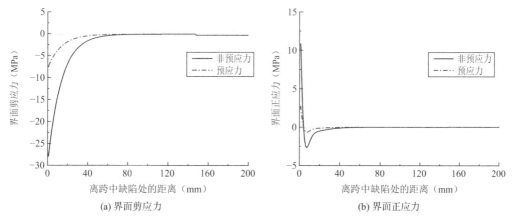

(a) 界面剪应力　　　　　　　　　　(b) 界面正应力

图 2-14　外荷载 40kN 时粘结界面应力分布

结合式(2-11)将界面的主应力绘制于图 2-15 中，可以发现，56kN 的预应力水平可以使得粘结界面的主应力从 23MPa 降低到 5.9MPa，下降幅度达到了 74.3%，这从理论上证明了预应力加固技术能有效减小缺陷处界面的应力水平，从而可以延缓 CFRP 加固缺陷钢结构粘结界面的开裂，增大 CFRP 加固缺陷钢梁的安全储备。

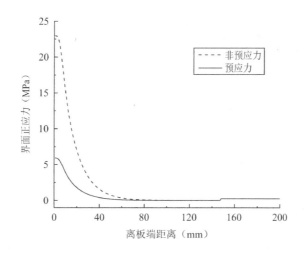

图 2-15　外荷载 40kN 时粘结界面主应力分布

2.2.8　参数分析

根据 CFRP 加固钢梁的算例计算，钢梁的裂纹对界面应力分布有很大影响，而界面粘结层厚度则是工程加固中需要控制的重要一环，CFRP 板本身的厚度和弹性模量也是加固工程中需要考虑的部分。下文分别分析了钢梁裂纹初始长度、胶层厚度、CFRP 板厚度和弹性模量 4 个参数变化对裂纹处界面应力的影响，在外荷载 40kN 作用下，裂纹截面处的界面应力随各参数的变化如图 2-16 所示。

图 2-16（a）为钢梁初始裂纹长度对裂纹处界面应力的影响。由图可知，界面应力随着初始裂纹长度的增加而表现出近线性增长，界面剪应力增长速率明显比正应力快。当采用预应力加固技术后，界面的正应力和剪应力均呈现了下降，尤其是对界面剪应力的影响，不仅大幅度降低了剪应力的大小，同时还减小了剪应力的增长速率。

图 2-16（b）为粘结层厚度对裂纹处界面应力的影响。随着粘结层厚度的增加，界面应力不断下降，但下降速率则随着粘结层厚度的增加而降低，说明当胶层达到一定厚度后，即可以保证界面应力受胶层厚度变化的影响较小。当使用预应力加固后，界面应力受胶层厚度的变化的影响均较小。

图 2-16（c）为 CFRP 板厚度对裂纹处界面应力的影响。对于非预应力 CFRP 加固梁，CFRP 板厚度增加会使得界面应力出现一定的增加，但对界面应力影响的程度越来越小。而 CFRP 板的厚度变化对预应力 CFRP 加固后钢梁界面应力没有明显影响。

图 2-16（d）为 CFRP 板弹性模量对裂纹处界面应力的影响。无论是非预应力加固还是预应力加固，CFRP 板的弹性模量对界面应力变化几乎没有影响。

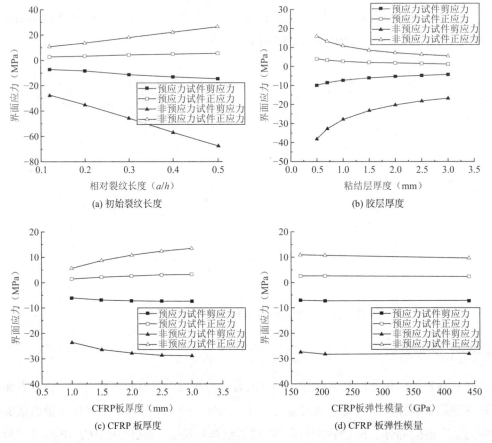

图 2-16　粘结界面应力与变化参数关系

通过上述分析中可知，钢梁的初始裂纹长度和胶层厚度变化对界面应力有比较显著的影响，说明在实际工程应用中，应尽早发现结构缺陷，在结构出现损伤初期进行结构加固同时保证一定的胶层厚度，有利于减小界面的应力集中，尤其当使用预应力加固，界面应力显著下降。此外，预应力加固技术使得界面应力对各参数变化的敏感性降低，从而可以提高结构的安全性能。

2.3　粘结界面能量释放率

本小节以 CFRP 板加固钢梁为例，推导了粘结界面能量释放率的计算公式，通过算例和分析证明了相较于非预应力加固，预应力加固能有效降低界面能量释放率，提升加固效果。

2.3.1　粘结界面能量释放率推导

粘结界面的能量释放率决定了界面裂纹的扩展情况，粘结界面的能量释放率 G 可通过 CFRP 加固钢梁界面裂纹扩展断裂面积 $\mathrm{d}A$ 前后加固结构的总应变能变化 $\mathrm{d}S$ 来计算[8]，产生断裂面积 $\mathrm{d}A$ 的能量释放率 G 为：

$$G = \frac{1}{b_{\mathrm{f}}}\frac{\mathrm{d}S}{\mathrm{d}x} \tag{2-68}$$

式中：b_{f}——CFRP 板的宽度。

对于预应力 CFRP 加固的带裂纹钢梁粘结界面能量释放率，可取裂纹截面附近 $\mathrm{d}x$ 微段进行分析。如图 2-17，取一预应力 CFRP 加固梁，图中 Z_{s}、Z_{f} 和 t_{a} 分别为钢梁中性轴到梁底面的距离、CFRP 板中性轴到板顶面的距离和胶层厚度，a 为缺陷高度，Z_{s1} 为跨中裂纹处钢梁中性轴到裂纹顶部的距离，F_{p} 为 CFRP 板上施加的预应力。与此同时，钢梁和 CFRP 板及粘结界面采用如下基本假设：

（1）钢梁、粘结胶、CFRP 板均为线弹性材料；

（2）忽略界面挠度方向的变形，且界面剪应力和正应力沿着胶层厚度方向与宽度方向均匀分布；

（3）忽略 CFRP 板与钢梁在加载过程中的剪切变形及胶层的弯曲变形；

（4）缺陷截面处，钢梁、粘结胶与 CFRP 板变形协调；

（5）加固后，端部锚具处 CFRP 板无预应力损失。

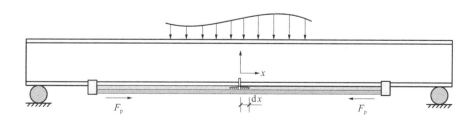

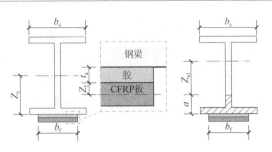

图 2-17　CFRP 加固带裂纹钢梁示意

当界面裂纹产生前，即界面裂纹尖端位于点 A，假定 CFRP/钢梁复合结构整体受力，弯矩由缺陷截面处的组合截面承担，当界面裂纹产生后，界面裂纹从点 A 扩展到点 B，则受力由 CFRP 和钢梁分别承担，因此可得界面裂纹开裂前后的力学模型如图 2-18 所示。

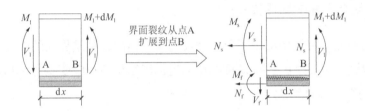

图 2-18　界面裂纹开裂前后的力学模型

对图 2-18 中加固梁微元段dx进行受力分析可得

$$N_f = -N_s \tag{2-69}$$

$$M_1 = M_s + M_f + N_f(Z_s + t_a + Z_f) \tag{2-70}$$

$$V_1 = V_s + V_f \tag{2-71}$$

式中：M_s、N_s和V_s——外荷载引起的界面裂纹尖端附近钢梁的弯矩、轴力和剪力；

$\quad M_f$、N_f和V_f——外荷载引起的界面裂纹尖端附近 CFRP 板的弯矩、轴力和剪力；

$\quad M_1$和V_1——外加荷载引起的界面裂纹尖端附近未开裂的 CFRP/钢梁整体的弯矩和剪力；

$\quad Z_s$——钢梁中心轴到钢梁底部的距离；

$\quad t_a$——胶层厚度；

$\quad Z_f$——CFRP 板中性轴到 CFRP 板上表面的距离。

假定界面裂纹开裂后，开裂段 CFRP 板的轴力与跨中裂纹截面处 CFRP 板的轴力相同，且只由外荷载引起轴力仍可通过式(2-36)计算可得

$$N_f = \frac{(\alpha_s - \alpha_f)\Delta T}{f_2'} + \frac{M_1(Z_{s1} + a + t_a + Z_f)}{f_2' E_s I_{s1}} \tag{2-72}$$

式中：$f_2' = \frac{(Z_{s1} + a + t_a + Z_f)^2}{E_s I_{s1}} + \frac{1}{E_s A_{s1}} + \frac{1}{E_f A_f}$；

α_s和α_f——钢和 CFRP 板的热膨胀系数；

ΔT——温度变化；

E_s、I_s、A_s——钢梁的弹性模量、截面惯性矩、截面积；

E_f、I_f、A_f——CFRP 的弹性模量、截面惯性矩、截面积；

A_{s1}和I_{s1}——钢梁在裂纹处的截面积和惯性矩；

Z_{s1}——跨中裂纹处钢梁中性轴到裂纹顶部的距离。

根据上述内容，加固钢梁在界面剥离后的弹性应变能变化dS由以下三部分组成：

（1）预应力放张导致预应力 CFRP 加固缺陷钢梁产生反拱而产生的初始应变能为：

$$dS^p = \frac{\left[F_p(Z_s + Z_f + t_a)\right]^2}{2(EI)_{sf1}}dx \tag{2-73}$$

式中：$(EI)_{sf1}$——CFRP/钢梁裂纹截面处的抗弯刚度。

（2）由图 2-18 可知，在外荷载作用下，当界面裂纹尖端位于 A 点时，dx梁段由弯矩、轴力和剪力引起应变能为：

$$dS^A = \frac{M_1^2}{2(EI)_{sf1}}dx + \frac{3}{5}\frac{V_1^2}{S_{sf}}dx \tag{2-74}$$

式中：S_{sf}——CFRP/钢梁复合截面的抗剪刚度。

（3）在外荷载作用下，当界面裂纹尖端从 A 点扩展到 B 点时，dx梁段由弯矩、轴力和剪力引起应变能为：

$$dS^B = \frac{M_s^2}{2E_sI_{s1}}dx + \frac{M_f^2}{2E_fI_f}dx + \frac{N_s^2}{2E_sA_{s1}}dx + \frac{N_f^2}{2E_fA_f}dx + \frac{3}{5}\frac{V_s^2}{S_s}dx + \frac{3}{5}\frac{V_f^2}{S_f}dx \tag{2-75}$$

因此，预应力加固缺陷钢梁界面裂纹从 A 点扩展到 B 点时，整体的应变能变化为：

$$dS = dS^B - dS^A - dS^P \tag{2-76}$$

以对称四点弯曲加载的预应力 CFRP 加固裂纹钢梁为研究对象，忽略 CFRP 板的剪力和弯矩，同时只考虑纯弯段，将式(2-77)代入式(2-69)，则界面的能量释放率可以表达为：

$$G = \frac{1}{2b_f}\left[\frac{1}{E_sI_{s1}} - \frac{1}{(EI)_{sf1}}\right]M_1^2 - \frac{M_1N_{f1}(Z_s + t_a + Z_f)}{b_fE_sI_{s1}} +$$

$$\frac{1}{2b_f}\left[\frac{(Z_s + t_a + Z_f)^2}{E_sI_{s1}} + \frac{1}{E_sA_{s1}} + \frac{1}{E_fA_f}\right]N_{f1}^2 - \frac{(Z_s + t_a + Z_f)^2}{2b_f(EI)_{sf1}}F_p^2 \tag{2-77}$$

2.3.2 预应力加固对界面能量释放率的影响

参考 2.2.7 节，利用公式(2-77)计算得到界面能量释放率随外荷载增长的变化趋势，如图 2-19 所示。与传统裂纹尖端应力强度因子变化趋势相似，相同荷载下的预应力工况的界面能量释放率亦小于非预应力工况。主要原因是预应力放张后，预应力 CFRP 板加固缺陷钢梁产生了反拱，缺陷处粘结界面产生了与荷载作用相反的变形，只有当外荷载增加至能抵消这一变形时，界面才会产生开裂。界面能量释放率随着荷载的增加呈现出加速增加的变化趋势，但在预应力加固后，只有当荷载超过一定荷载后界面能量释放率才开始快速增加。说明了预应力加固不仅能减慢钢梁本身裂纹的开裂，而且有助于界面裂纹扩展速率的减慢。

在保证外荷载 40kN 不变的情况下，不同初始钢梁裂纹长度下的界面能量释放率如图 2-20 所示，可以发现当初始裂纹长度小于 0.35 倍钢梁高度时，界面能量释放率G呈现出缓慢增长的趋势，同时预应力工况下的界面应力强度因子比非预应力工况下小。当初始裂纹长度大于 0.35 倍钢梁高度后，界面能量释放率G呈现出加速增长的趋势，说明加固效果不断减弱。由此，初始裂纹长度对界面最大应力、缺陷尖端应力强度因子以及界面能量释放率均有显著的影响，且裂纹长度越长，预应力加固对这些界面损伤指标的影响越小，可见在钢梁裂纹萌生初期就进行预应力加固能更好地发挥效果。

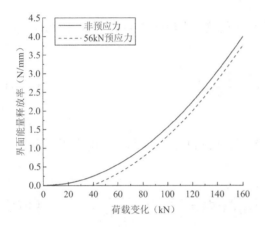

图 2-19　界面能量释放率随荷载变化的关系　　图 2-20　界面能量释放率随钢梁初始裂纹长度变化
情况（荷载 40kN）

2.4　小结

本章对 CFRP/钢界面力学行为进行了理论分析，建立在一些基本假定的前提下，对典型的 CFRP/钢板搭接接头粘结界面的应力进行了理论推导，获得了其剪应力、正应力以及最大界面主应力的计算公式，并基于理论公式开展了 CFRP/钢板搭接接头粘结界面的算例计算与参数分析，探究了胶层厚度、CFRP 板厚度、钢板厚度 3 个变量对 CFRP/钢板搭接接头粘结界面应力的影响规律。对于另一个典型粘结界面——CFRP 板加固钢梁界面，本章同样开展了相关理论分析，推导了 CFRP 板加固钢梁界面上 CFRP 板纵向力、界面剪应力、界面正应力、界面最大应力的计算公式，并基于理论开展了算例计算与参数分析，同时介绍了预应力加固方式对粘结界面的影响，为后续的预应力加固工程提供参考。粘结界面的能量释放率是决定裂纹扩展的重要因素，本章在最后一小节以 CFRP 板加固钢梁界面为例对粘结界面的能量释放率进行了理论推导，并介绍了预应力加固对界面能量释放率的影响规律。本章所开展的相关理论分析可为后续章节的研究内容提供依据。

参考文献

[1] BOCCIARELLI M, COLOMBI P, FAVA G, et al. Prediction of debonding strength of tensile steel/CFRP joints using fracture mechanics and stress based criteria[J]. Engineering Fracture Mechanics. 2009, 76: 299-313.

[2] WANG J. Cohesive zone model of intermediate crack-induced debonding of FRP-plated concrete beam[J]. International Journal of Solids and Structures, 2006, 43(21): 6630-6648.

[3] CORNETTI P, CORRADO M, LORENZIS L D, et al. An analytical cohesive crack modeling approach to the edge debonding failure of FRP-plated beams[J]. International journal of solids and structures, 2015, 53: 92-106.

[4] LORENZIS L D, FERNANDO D, TENG J. Coupled mixed-mode cohesive zone modeling of interfacial debonding in simply supported plated beams[J]. International Journal of Solids & Structures, 2013, 50(14-15): 2477-2494.

[5] SMITH S T, TENG J. Interfacial stresses in plated beams[J]. Engineering Structures, 2001, 23(7): 857-871.

[6] GUO D, GAO W, DAI J. Effects of temperature variation on intermediate crack-induced debonding and stress intensity factor in FRP-retrofitted cracked steel beams: An analytical study[J]. Composite Structures, 2022, 279: 114776.

[7] 邓军, 黄培彦. 预应力 CFRP 板加固梁的界面应力分析[J]. 工程力学, 2009, 26(7): 78-88.

[8] 郑云, 叶列平, 岳清瑞, 等.FRP 加固钢梁胶层界面的断裂力学分析[J]. 工业建筑, 2008, 38(11): 106-108.

第 3 章

CFRP 加固缺陷钢梁的试验研究
及有限元分析

上一章介绍了 CFRP/钢界面力学行为的理论分析与计算，并发现 CFRP 加固的缺陷钢梁在其缺陷位置应力集中明显。为进一步验证理论计算的结果，并探讨应力集中导致界面剥离的破坏模式和粘结界面的性能变化规律，本章将开展试验研究与有限元分析，为 CFRP 加固钢结构粘结界面的力学行为提供多角度、多类型的研究方法。

3.1 CFRP 加固缺陷钢梁的试验研究

本节介绍了带缺陷钢梁粘贴 CFRP 板加固前后的抗弯承载力试验。具体包括试验材料与性能、试件的制作与加固、静载试验、试验结果分析、理论验证。

3.1.1 试件制作与加固

1. 试验材料与性能

试验钢梁采用 Q235 级工字钢，如图 3-1（a）所示，钢梁的材料参数均进行实测，其实测试件参照遵循《钢及钢产品　力学性能试验取样位置及试样制备》GB/T 2975—1998 标准[1]。其应力-应变曲线如图 3-1（b）所示。

CFRP 板理论厚度为 1.4mm，长 400mm，宽度 74mm，如图 3-2（a）所示。CFRP 板的材料参数均进行实测，其应力-应变曲线如图 3-2（b）所示。

胶粘剂采用 Sikadur30 环氧树脂，分为 A、B 两组分，按 3∶1 的配比进行搅拌混合。

各材料的实测参数值见表 3-1。试验钢梁弹性模量为 205.1GPa，屈服强度为 305.3MPa；CFRP 板弹性模量为 127.2GPa，抗拉强度为 745.9MPa；Sikadur30 粘钢胶弹性模量为 11.2GPa，其抗拉强度为 25.5MPa。

047

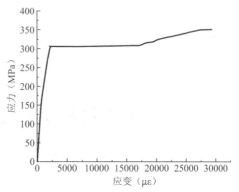

(a) Q235 级工字钢梁   (b) 标准试件应力-应变曲线

图 3-1   试验钢梁及其标准试件应力-应变曲线

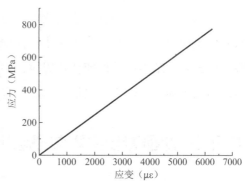

(a) CFRP 板   (b) 标准试件应力-应变曲线

图 3-2   试验 CFRP 板及其标准试件应力-应变曲线

各项材料参数   表 3-1

材料名称	弹性模量（GPa）	屈服强度/抗拉强度（MPa）
Q235 级工字钢	205.1	305.3
CFRP 板	127.2	745.9
Sika30 粘钢胶	11.2	25.5

注：钢梁、CFRP 板的抗拉强度是与弹性模量按标准试件拉伸得到的强度平均值。

2. 钢梁与 CFRP 板的表面处理

钢梁在粘结 CFRP 板之前，先对钢梁受拉区域表面和 CFRP 板表面进行预处理。由于钢梁和 CFRP 板表面存在各种氧化物、锈迹、油污、吸附物以及其他杂质。杂质层会直接影响粘结表面的内聚强度。在加固前必须把钢梁与 CFRP 板表面的杂质清除干净。试验采用喷砂（喷丸）的方法处理钢梁表面与 CFRP 板表面的杂质。采用喷砂方法，不仅除去钢梁与 CFRP 板表面的杂质，还可以增大其表面的粗糙度，使之更好地粘结。喷砂后的钢梁与 CFRP 板如图 3-3 所示。

(a) 钢梁　　　　　　　　　　　　　(b) CFRP 板

图 3-3　喷砂处理后的钢梁与 CFRP 板

3. 加固流程

焊接加固由专业焊接师傅完成。具体加固流程如下：

（1）焊接前需清理钢梁缺陷处表面，以避免影响焊接质量。

（2）将焊条直接伸入钢梁翼缘缺陷处底部焊透，利于脱渣，以获得良好的熔合。

需要 CFRP 板加固的钢梁在表面预处理过后，要在 4h 内完成加固，防止钢梁喷砂处表面发生氧化锈蚀。具体流程如下：

（1）在实施钢梁加固操作的地方上铺设薄膜，将钢梁放在平台上，裂纹位置朝上，保持粘结界面水平，用马克笔在待加固钢梁界面上划线，标出待加固区域。

（2）用小型电子秤称出加固 1 根钢梁需要的粘结胶，约为 200g。掺入 1% 直径为 1mm 的小玻璃珠，保持粘结界面为 1mm，采用细铁棒搅拌均匀。

（3）钢梁加固前，用丙酮溶液擦洗待加固钢梁与 CFRP 板喷砂表面，然后将搅拌好的粘结胶均匀地摊铺在钢梁加固表面。贴板时，需从中间向四周用力挤压试件，将多余的粘结胶挤出并及时清除掉试件溢出的粘结胶。试件加固完后需采用重物加压固定试件，在室温条件下养护 72h，加固后的试件如图 3-4 所示。

图 3-4　加固后的钢梁试件

3.1.2 试验方案

1.试件分组

试验设计 10 根钢梁试件，如表 3-2 所示。试件共分为 3 组，第一组 C-1 为控制试件，第二组 A-1、A-2 为缺陷试件，第三组 AR-1、AR-2、AR-3 为 CFRP 板加固试件。

试件分组   表 3-2

试件编组	试件编号	是否带缺陷	加固方式
1	C-1	否	无
2	A-1	是	无
	A-2	是	无
3	AR-1	是	粘结 CFRP 板
	AR-2	是	粘结 CFRP 板
	AR-3	是	粘结 CFRP 板

2.钢梁几何模型

试验钢梁长为 1200mm，国外研究对钢梁初始缺陷损伤程度采用裂纹加工采用 a/h 来衡量，其中 a 为试验钢梁的裂纹长度，h 为试验钢梁截面高度。试验取 $a/h = 0.12$，经计算钢梁的裂纹长度为 14.4mm，作为参考加工钢梁的初始缺陷，如图 3-5 所示。钢梁在距裂纹 100mm 处焊 4 块 10mm 厚的加劲肋，防止加载过程中由于翼缘屈曲而导致钢梁过早破坏。

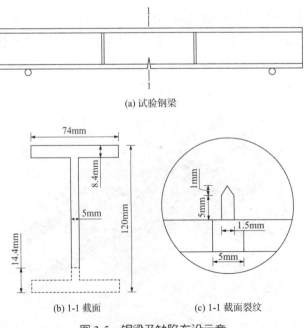

(a) 试验钢梁

(b) 1-1 截面   (c) 1-1 截面裂纹

图 3-5　钢梁及缺陷布设示意

3. 测点布置

试验测点布置如图 3-6 所示。主要采集挠度与应变信息。应变测试采用浙江省台州市黄岩测试仪器厂生产的应变片，型号为 BX120-20AA，栅长 × 栅宽 = 2mm × 2mm，电阻 120Ω，灵敏系数为 2.0。

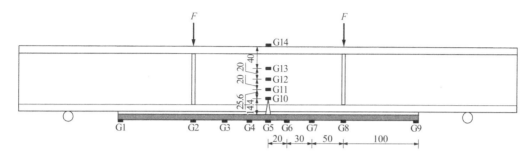

图 3-6　测点布置图（单位：mm）

4. 加载制度

对试验梁进行静力加载。使用 SDS500 电液伺服万能试验机进行加载，所有试件均为四点弯曲加载。加载速度 0.05mm/s，加载控制方式为位移控制，当承载能力快速下降或 CFRP 板剥离破坏后停止加载。采用静态数据采集仪（应变仪）进行数据采集，应变仪的性能完全符合试验的要求。加载过程采用相机监测裂纹发展情况，相机每隔 1s 拍一张照片，与静态数据采集仪数据采集频率保持一致。加载现场如图 3-7 所示。

图 3-7　静力加载现场

3.1.3　主要试验结果

1. 钢梁的强度与刚度

试样的荷载-挠度曲线如图 3-8 所示。由图可知：缺陷梁 A-1 和 A-2 的刚度和强度远小于控制梁 C-1。此外，加固后的梁 AR-1、AR-2 和 AR-3 比缺口梁的强度和刚度显著提高，并且在弹性阶段刚度接近控制梁。其次，所有加固后的梁都因 CFRP 板剥离而失效，在达到峰值荷载后，荷载突然下降，随后的变形趋势同缺陷梁一致。这表明，粘结界面剥离前，CFRP 板加固可以有效恢复缺陷钢梁的抗弯承载力。

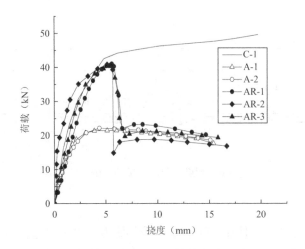

图 3-8　试验钢梁的荷载-挠度曲线

表 3-3 中给出了各试件的最大荷载及其相应的变形。CFRP 板加固前后的钢梁平均最大荷载分别为 21.9kN 和 40.8kN，该数值分别为控制梁最大荷载的 41.3% 和 77.1%；最大荷载作用下的平均变形分别为 5.0mm 和 5.6mm，与控制梁的变形接近，但远小于控制梁的平均变形。这表明，CFRP 板加固可以使缺陷钢梁的强度提高近两倍，而剥离引起的脆性破坏限制了加固钢梁延性的进一步增强。

各试件试验结果　　　　　　　　　　　　　　　　　　表 3-3

试件编号	最大荷载（kN）	最大荷载对应变形（mm）	破坏模式
C-1	52.9	37.2	钢材屈服
A-1	21.5	4.6	裂纹扩展
A-2	22.2	5.3	裂纹扩展
AR-1	41.0	6.1	CFRP 板剥离
AR-2	40.9	5.2	CFRP 板剥离
AR-3	40.4	5.5	CFRP 板剥离

2. 应变变化

取缺陷钢梁裂纹尖端位置的 G10 应变数据（图 3-6），其应变变化如图 3-9 所示。由图可知，未加固钢梁裂纹尖端的应变随荷载的增加速度明显快于加固梁，这表明 CFRP 板加固限制了裂纹扩展，提高了缺口截面的刚度。

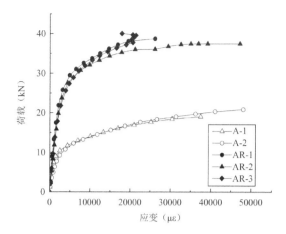

图 3-9　缺陷钢梁裂纹尖端位置荷载-应变曲线

加固梁中的 CFRP 板在最大荷载时从梁上剥离。CFRP 板上所有应变在短时间内迅速降至零，这表明剥离是瞬间的。如图 3-10 所示，统计 CFRP 板上应变，可以观察到：

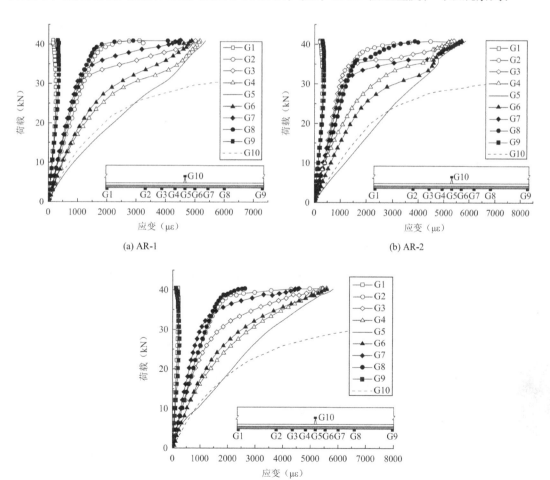

(a) AR-1

(b) AR-2

(c) AR-3

图 3-10　加固钢梁 CFRP 板各位置荷载-应变曲线

根据 G10 中记录的应变，试件在 15kN 左右前为线性变化，直到钢梁中的缺口尖端屈服。跨中 G5 处的应变随着荷载近似线性增大。随着载荷的增大，特别是在钢梁屈服之后，缺陷位置附近出现了粘结胶塑性变形，G4 和 G6 的应变迅速增大。随着荷载的不断增大，剥离从中间向侧面传播，G3 和 G7 的应变开始迅速增大，然后 G2 和 G8 应变开始迅速增大。当载荷大于约 30kN 时，靠近 CFRP 板端部的 G1 和 G9 应变略有下降，这表明 CFRP 板端部开始剥离。CFRP 板的剥离自中部向端部发展，板上离中部较远的位置应变逐渐增大，直至接近板中部的应变。

　　各加固试件 CFRP 板在不同荷载水平下的应变分布如图 3-11 所示。当荷载低于剥离荷载时，可以在图中观察到缺陷位置的应变最大，出现应力集中。在载荷高于剥离荷载后，大应变区从板的中间向侧面扩展，形象地展示了剥离的发展过程。

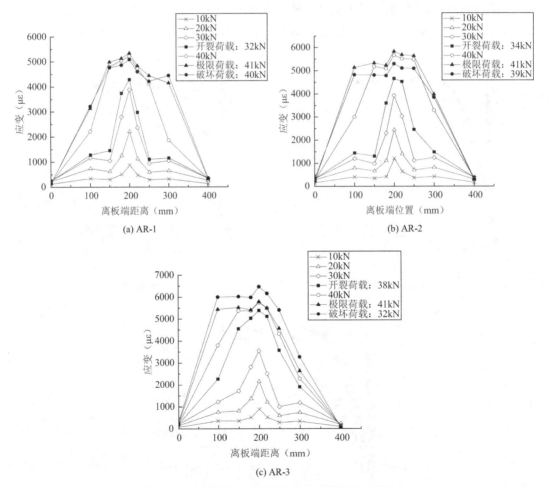

图 3-11　加固钢梁 CFRP 板在不同荷载下的应变分布

　　图 3-12 以试件 AR-2 为例展示了不同荷载作用下钢梁跨中截面不同高度的应变分布情况。如图所示，加固钢梁在开裂荷载之前，裂纹位置截面各高度的应变发展符合平截面假定，剥离

后，由于 CFRP 板对裂纹的束缚减弱导致裂纹界面开始发生塑性变形，平截面假定开始失效。

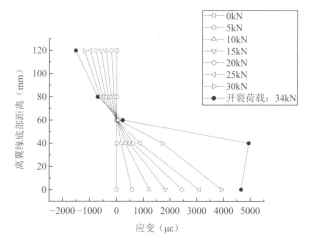

图 3-12　AR-2 梁跨中截面应变分布

3. 破坏模式

控制梁因翼缘屈曲而失效，缺陷梁 A-1 和 A-2 在
跨中缺陷扩展到上翼板后断裂，加固缺陷梁的破坏模
式均为 CFRP 板剥离，但部分 CFRP 板仍附着在梁
上，其典型的破坏模式如图 3-13 所示。

图 3-14 展示了加固缺陷梁的 CFRP 板和钢梁的
粘结表面，其中 CFRP 板是试验后人工从钢梁上分离
的。在达到剥离荷载时，裂纹首先在裂纹处钢梁与胶

图 3-13　加固缺陷梁的破坏模式

层界面萌生。随着荷载的增加，裂纹开始往 CFRP 板与胶层界面发展，而后往 CFRP 板与
胶层界面两端扩展，并且胶层厚度薄的一端裂纹发展速度稍快。由于界面裂纹的存在，CFRP
板对腹板处裂纹的抑制减弱，腹板处的裂纹开始张开。当达到极限荷载后腹板裂纹开始发
展，导致界面应力越来越大。胶层薄的一端界面裂纹迅速扩展，并率先扩展到端部发生剥
离破坏。此时往厚胶层方向发展的裂纹发展到加劲肋附近，由于 CFRP 板剥离产生动能，
另外一端剥离发展位置附近的胶层掀开，试件破坏，各试件破坏信息如表 3-4 所示。

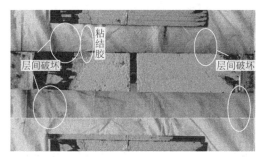

(a) AR-1

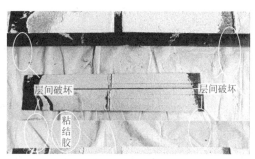

(b) AR-2

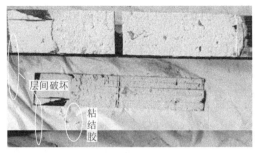

(c) AR-3

图 3-14 加固缺陷梁 CFRP 剥离界面

加固缺陷梁破坏信息   表 3-4

试件编号	剥离荷载（kN）	胶层厚度（mm）		破坏时界面情况	
		裂纹左端	裂纹右端	裂纹左端	裂纹右端
AR-1	32.5	1.06	1.02	加劲肋附近存在粘结胶	界面裂纹发展至端部
AR-2	34.4	1.10	1.10	加劲肋附近存在粘结胶	界面裂纹发展至端部
AR-3	38.7	1.08	1.06	加劲肋附近存在粘结胶	界面裂纹发展至端部

3.1.4 CFRP 板纵向受力验证

以荷载值 30kN 为例，将从试验中获得的 CFRP 板中的纵向应变分布与相应的理论计算结果（式 2-26）进行比较，具体如图 3-15 所示，结果吻合良好。

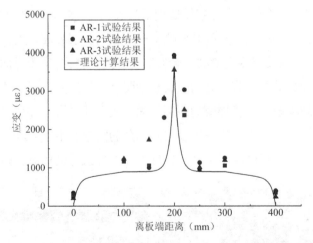

图 3-15 加固缺陷梁 CFRP 板中纵向应变分布试验与理论结果

试样中部缺口处出现的最大界面应力导致剥离，根据第 2.2 节的理论计算，对试验中所有加固缺陷钢梁在剥离荷载下的最大应力进行分析计算。试件 AR-1、AR-2 和 AR-3 中粘结胶层的测量厚度分别为 1.02mm、1.10mm 和 1.06mm。具体分析结果如表 3-5 所示，最大界面主应力平均值为 48.3MPa。

加固缺陷梁最大应力结果　　　　　　　　　　　　表 3-5

试件编号	剥离荷载（kN）	最大剪应力（MPa）	最大正应力（MPa）	最大界面主应力（MPa）
AR-1	32.5	63.1	43.3	45.1
AR-2	34.4	65.2	44.1	46.8
AR-3	438.7	74.1	50.5	53.0

3.2　CFRP 加固钢结构的粘结层本构模型研究

本节介绍了粘结 CFRP 加固钢结构的粘结界面的基本问题，对钢结构和 CFRP 的粘结机理（包括粘结界面形成过程和粘结力来源）和破坏模式进行了分析。同时对粘结层本构模型进行了研究，对粘结分离模型、粘结滑移模型和混合模式内聚力法则分别进行了介绍；同时，下一节有关 CFRP 加固缺陷钢梁的有限元分析内容，也是基于本节内容开展的。

3.2.1　CFRP 加固钢结构的粘结机理

CFRP 加固钢结构是一种将钢材的表面与 CFRP 表面利用胶粘剂的粘附作用进行有效连接的技术，其粘结过程包含了复杂的物理变化和化学变化。钢材和 CFRP 能否产生有效的粘结，与二者表面的结构与状态以及工艺条件都密切相关。粘结 CFRP 修复钢结构组成的加固构件是由钢材、胶粘剂和 CFRP 三种材料构成的，而 CFRP 本身是由纤维和树脂复合而成的。因此在它们之间形成了多种界面，包括钢材和粘结层的界面、CFRP 和胶粘剂的界面以及 CFRP 中纤维和树脂的界面。对于 CFRP 加固钢结构，CFRP 中纤维与树脂的界面是"强相"，而胶粘剂与钢材的界面和胶粘剂与 CFRP 的界面是"弱相"。加固结构的界面破坏基本发生在钢材和粘结层之间的界面。同时钢材和粘结层之间的界面并不是单纯的几何面，而是一个过渡区域，这个区域是从与钢材材料内部性质不同的那一点开始到粘结层内与粘结层性质一致的某点终止。

1. CFRP 加固钢结构的粘结界面形成过程

CFRP 加固钢结构中钢材和粘结胶之间形成固定的界面需要经历以下两个阶段：第一阶段是液体粘结胶和钢材表面的接触浸润过程，这是形成界面结合的必要条件。当钢材表面和粘结胶相互接触时，一旦形成界面就会发生降低表面能的各种吸附现象。宏观表现出粘结胶在钢材表面上的铺展现象，即"浸润"。"浸润"好二者在界面上就有紧密的接触。第二阶段是粘结胶的固化过程，粘结胶要与钢材材料形成固定的界面结合，必须经过物理（凝固等）或化学（交联固化等）的固化过程，使粘结胶分子处于能量最低、结构稳定的状态，使钢材与粘结胶之间的界面固定。通过粘结胶粘结钢材加固形成界面的这两个阶段的过程是连续进行的。

2. CFRP加固钢结构的界面粘结力来源

粘结胶对钢材的浸润只是二者粘结在一起的前提，它们之间必须形成粘结力，才能使粘结胶与钢材牢固地结合在一起。对于粘结力的产生，到目前已经有很多理论解释，如浸润理论、化学键理论、静电理论、扩散理论、弱边界层理论、可逆水解理论等，这些理论一定程度上解释了部分粘结现象和问题。但是，由于界面是在热、力学以及化学等环境条件下形成的体系，具有十分复杂的结构，因此，还没有哪一种理论可以解释所有的界面现象。

（1）浸润理论：两相界面的浸润性对界面粘结强度有很大的影响。不完全的浸润会在界面上产生缺陷（如空鼓），从而降低粘结强度；良好的浸润性可以增加断裂能和黏附力，从而使粘结强度提高。从界面浸润性的观点来看，要使粘结胶能在钢材表面尽量铺展开，则粘结胶的表面张力必须小于钢材的表面张力。浸润理论解释了钢材表面和CFRP表面粗糙化的理由，可以增加表面积从而有利于提高界面粘结力[2-3]。

（2）化学键理论：化学键理论认为，如果两相之间能够实现有效粘结，两相的表面须含有活性基团从而可以产生化学反应，并且通过化学键的结合形成粘结界面。与范德华力相比，化学键的强度高很多，因此通过化学键形成的界面的粘结强度最高，也是加固工作中最理想的一种粘结界面[4]。

（3）静电理论：静电理论认为，粘结胶与钢材之间存在双电层，带有不同的电荷，则相互接触时由于静电的相互吸引而产生粘结力。当钢材与高分子粘结胶紧密接触时，电子能够从钢材向非钢材转移，使粘结界面的两侧产生接触电势，并形成了双电层，而双电层的电荷性质相反，从而产生静电引力。同时在干燥的环境中胶层从钢材表面快速剥离时，可以用仪器或肉眼观察到放电的光、声现象，证实了静电作用的存在。

综上所述，粘结力是由机械咬合力、物理吸附力、化学键力和静电引力等多种因素构成的，且在不同的情况下它们贡献的大小不一样。粘结力存在于两相之间，可分为宏观结合力和微观结合力，宏观结合力是由裂纹及表面的凹凸不平而产生的机械咬合力，而微观结合力包含化学键和次价键，这两种键的相对比例取决于组成成分及其表面性质。化学键结合是最强的结合，是界面粘结力贡献的积极因素。

3.2.2 CFRP加固钢结构的粘结破坏类型

粘结CFRP加固钢结构在受到外力作用时，CFRP与钢结构是通过两种材料之间的粘结界面和粘结层的变形来进行荷载传递的。同时我们知道加固结构往往也在粘结界面的薄弱环节开始发生破坏，CFRP加固钢结构的粘结破坏主要包括以下三种情况[5]：

（1）内聚破坏：在外力作用下，粘结构件的破坏完全发生在粘结层中，内聚破坏的粘结构件的粘结强度等于胶层的内聚强度。

（2）界面破坏：粘结构件在外力作用的破坏，完全发生在胶粘剂与被粘结构件的界面上，即胶层完全从界面脱开。

（3）混合破坏：在外力作用下，粘结构件的破坏兼具内聚破坏和界面破坏两种类型，是内聚破坏和界面破坏之间的一种过渡状态。

结合相关文献的试验结果[6-7]可知，CFRP粘结加固带缺陷钢梁与CFRP粘结加固带缺陷钢板的破坏均首先在粘结界面出现裂纹，发生剥离破坏，并且在剥离前钢结构并未发生明显开裂现象，因此后续介绍内容未考虑CFRP和钢结构自身的开裂退化，仅考虑了CFRP加固带缺陷钢结构中胶层的开裂退化，后续的有限元分析中也假设粘结层发生内聚破坏。

3.2.3　粘结层本构模型介绍

由于同种材料即使在相同环境下，由于所受外荷载的不同导致裂纹的变形也不同，因此在断裂力学中常给裂纹分为三种断裂模式：张开型（mode Ⅰ）、滑开型（mode Ⅱ）、撕开型（mode Ⅲ），如图3-16所示。为研究粘结CFRP加固钢结构中粘结层的开裂模式，诸多学者提出了仅考虑正应力作用的 mode Ⅰ 型的胶层裂纹张开粘结分离模型和仅剪切方向剪应力作用的 mode Ⅱ 的粘结滑移模型，针对三种裂纹同时产生时由正应力和两个剪切方向剪应力共同作用的复合断裂，提出了混合模式内聚力退化模型[8-12]。下面将分别对粘结分离模型、粘结滑移模型和混合模式内聚力法则进行介绍。

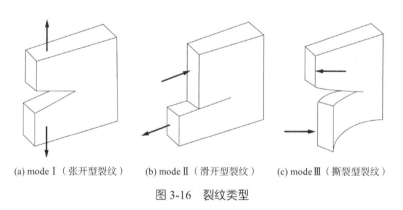

(a) mode Ⅰ（张开型裂纹）　　(b) mode Ⅱ（滑开型裂纹）　　(c) mode Ⅲ（撕裂型裂纹）

图3-16　裂纹类型

1. 粘结分离模型

双线性粘结分离实际上定义的是内聚力区域假想面上的内聚牵引力和界面张开位移的函数关系，如图3-17所示。牵引-分离曲线的纵坐标为假设裂纹面上的牵引内聚力，横坐标为界面裂纹面的张开位移。Camanho 等[10]和 Campilho 等[11]定义胶层仅发生受拉破坏时，根据材料试验得出的抗拉强度f_t为界面裂纹的开裂强度，即当胶层厚度方向正应力达到抗拉强度f_t时，界面胶层开始发生破坏，然后随着裂纹张开量的继续增长界面裂纹的牵引力逐渐减小，直到降低为零，此时对应的开裂位移为δ_n^f，称为最终失效位移。

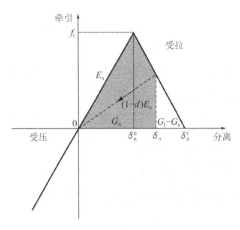

图 3-17　粘结分离模型

裂纹面牵引力t_n与张开位移δ_n的关系可以通过如下公式定义：

（1）当$\delta_n \leqslant \delta_n^0$时，

$$t_n = E_n \delta_n \tag{3-1}$$

式中：δ_n^0——抗拉强度对应的裂纹张开位移；

　　　E_n——开裂前初始刚度。

二者可表示为：

$$\delta_n^0 = \frac{t_a f_t}{E_a} \tag{3-2}$$

$$E_n = \frac{E_a}{t_a} \tag{3-3}$$

式中：E_a——胶层弹性模量；

　　　t_a——粘结层材料厚度。

（2）当$\delta_n^0 \leqslant \delta_n \leqslant \delta_n^f$，

$$t_n = E_n \delta_n (1 - d) \tag{3-4}$$

式中：d——损伤因子，定义损伤因子为：

$$d = \frac{\delta_n^f (\delta_n - \delta_n^0)}{\delta_n (\delta_n^f - \delta_n^0)} \tag{3-5}$$

损伤因子d取值可从 0（未损伤）到 1（完全分离），当胶层承受压应力时d为 0，也就是说胶层受压时不发生损伤破坏。

（3）当$\delta_n > \delta_n^f$，

$$t_n = 0 \tag{3-6}$$

如何确定最终失效位移δ_n^f的值，Andersson 等[12]指出基于对双悬臂梁能量平衡提出了一种确定剥离荷载的试验方法，证明了粘结层的能量可以根据其拉伸应变曲线与粘结层厚度确定。Teng 等[9]和 Campilho 等[11]在研究混合模式中仅考虑 mode I 的时候同样采用胶层材料的极限拉伸应变与胶层厚度确定最终失效位移 δ_n^f。因此最终失效位移 δ_n^f 的表达式为：

$$\delta_n^f = \varepsilon_f t_a \tag{3-7}$$

式中：ε_f——粘结层材料的拉伸极限应变。

图 3-17 中 G_I 为单位面积产生界面分离的断裂能，通过拉伸应变和胶层厚度求得最终失效位移 δ_n^f，则界面分离的断裂能可通过下式求得：

$$G_I = \frac{1}{2} f_t \delta_n^f \tag{3-8}$$

2. 粘结滑移模型

Xia[8]和 Teng 等[9]针对钢和 FRP 的粘结界面提出了界面粘结滑移模型，如图 3-18 所示。与上述的单一 mode I 的双线性牵引分离曲线类似。定义胶层粘结强度 τ_s 作为界面裂纹面开裂强度，其粘结强度 τ_s 通过胶层材料抗拉强度 f_t 确定为 $0.8f_t$。牵引力 t_s 与张开位移 δ_s 的关系可以通过式(3-9)定义：

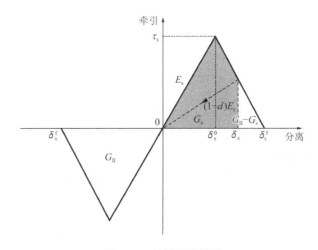

图 3-18　粘结滑移模型

当 $\delta_s \leqslant \delta_s^0$ 时，

$$t_s = E_s \delta_s \tag{3-9}$$

式中：δ_s^0——抗拉强度对应的裂纹张开位移；

　　　E_s——开裂前的初始刚度。可表示为：

$$\delta_s^0 = \frac{t_a f_t}{G_a} \tag{3-10}$$

$$E_s = \frac{G_a}{t_a} \tag{3-11}$$

式中：G_a——胶层剪切模量；

　　　t_a——胶层厚度。

当 $\delta_s^0 \leqslant \delta_s \leqslant \delta_s^f$ 时，

$$t_s = E_s\delta_s(1-d) \tag{3-12}$$

式中：d——损伤因子，定义损伤因子为：

$$d = \frac{\delta_s^f(\delta_s - \delta_s^0)}{\delta_s(\delta_s^f - \delta_s^0)} \tag{3-13}$$

损伤因子d取值可从 0（未损伤）到 1（完全失效）。

当$\delta_s > \delta_s^f$时，

$$t_s = 0 \tag{3-14}$$

式中：δ_s^f——最终失效位移，可表示为：

$$\delta_s^f = \frac{2G_{II}}{\tau_s} \tag{3-15}$$

式中：G_{II}——单位面积产生的界面断裂能，可通过下式求得：

$$G_{II} = 31\left(\frac{f_t}{G_a}\right)^{0.56} t_a^{0.27} \tag{3-16}$$

由式(3-15)，式(3-16)可知：

$$\delta_s^f = \frac{2G_{II}}{\tau_s} = 62\left(\frac{f_t}{G_a}\right)^{0.56} \frac{t_a^{0.27}}{\tau_s} \tag{3-17}$$

3. 混合模式内聚力法则

针对三种断裂模式同时产生时的复合断裂，Camanho 等[10]采用混合模式进行有限元分析，准确地模拟了复合材料的粘结界面分离过程。Teng[9]同样利用混合模式内聚力模型对 CFRP 加固完好钢梁进行了有限元分析。混合模式内聚力法则是一种结合 mode I，mode II，mode III 的分析方法，即包含了界面法向的粘结分离和垂直于法向的两个剪切方向的粘结滑移。结合以上文献中只考虑 mode I 的粘结分离模型和只考虑 mode II 或者 mode III 的粘结滑移模型，本书采用考虑三种断裂模式同时产生的混合模式内聚力法则。

混合模式内聚力模型考虑界面三个方向的牵引分离，包括界面法向和两个剪切方向，图 3-19 为粘结单元混合模式内聚力法则。垂直轴为牵引力，两个水平轴分别代表法向和两个剪切方向的开裂位移。用t_n，t_s和t_t分别代表界面法向和两个剪切方向的应力。界面法向开裂位移δ_n和两个剪切方向的开裂位移δ_s和δ_t，根据黏聚单元初始厚度T_0，并由下式分别得出界面法向应变ε_n和两个剪切方向应变ε_s和ε_t：

$$\varepsilon_n = \frac{\delta_n}{T_0} \tag{3-18}$$

$$\varepsilon_s = \frac{\delta_s}{T_0} \tag{3-19}$$

$$\varepsilon_s = \frac{\delta_s}{T_0} \tag{3-20}$$

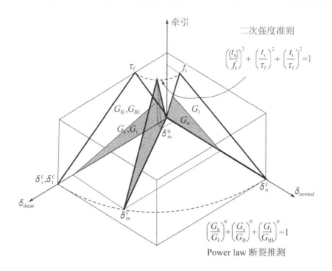

图 3-19　混合模式内聚力法则

1. 初始弹性阶段

对界面法向与两个剪切方向的牵引分离曲线同样采用双线性内聚力模型，即假设在界面破坏开始之前胶层处于线弹性阶段，界面牵引力t_n、t_s、t_t与开裂位移δ_n、δ_s、δ_t的关系可以通过下式确定：

$$\begin{cases} t_n = E_{nn}\delta_n \\ t_s = E_{ss}\delta_s \\ t_t = E_{tt}\delta_t \end{cases} \tag{3-21}$$

式中：E_{nn}，E_{ss}和E_{tt}——界面法向和两个剪切方向的初始刚度，分别按式(3-3)和式(3-11)求得：

$$E_{nn} = \frac{E_a}{T_0} \tag{3-22}$$

$$E_{ss} = E_{tt} = \frac{G_a}{T_0} \tag{3-23}$$

2. 损伤演化阶段

根据文献[13]，采用二次强度准则作为判断界面裂纹破坏的开始：

$$\left(\frac{\langle t_n \rangle}{f_t}\right)^2 + \left(\frac{t_s}{\tau_f}\right)^2 + \left(\frac{t_t}{\tau_f}\right)^2 = 1 \tag{3-24}$$

式中：〈　〉——麦考利括号（Macaulay bracket）表示当胶层承受压应力的时候将不会导致界面粘结分离破坏的开始，即当胶层厚度方向法向应力t_n为负数时，$\langle t_n \rangle$的值为零。

当界面开始破坏之后，引入损伤因子d来确定界面牵引力t_n、t_s和t_t与开裂位移δ_n、δ_s和δ_t的关系，d与只考虑 mode Ⅰ 和只考虑 mode Ⅱ 的损伤因子一样从 0（未损伤）到 1（完全破坏）。因此当界面初始破坏之后，界面牵引力t_n、t_s和t_t与开裂位移δ_n、δ_s和δ_t的方程为：

$$\begin{cases} t_n = (1-d)E_{nn}\delta_n & \text{当材料受拉时，即当}E_{nn}\delta_n \geqslant 0 \text{ 时} \quad (3\text{-}25) \\ t_n = E_{nn}\delta_n & \text{当材料受压时} \quad (3\text{-}26) \end{cases}$$

$$t_s = (1-d)E_{ss}\delta_s \tag{3-27}$$

$$t_t = (1-d)E_{tt}\delta_t \tag{3-28}$$

为描述界面法向和两个剪切方向相结合的界面损伤演化，根据文献[13]引入一个有效位移 δ_m，有效位移 δ_m 由界面法向和两个剪切方向的开裂位移根据下式得出：

$$\delta_m = \sqrt{\langle\delta_n\rangle^2 + \delta_s^2 + \delta_t^2} \tag{3-29}$$

式中：$\langle\delta_n\rangle$——仅考虑胶层受拉时界面法向的开裂位移。

由此确定损伤因子 d 的表达式为：

$$d = \frac{\delta_m^f(\delta_m^{max} - \delta_m^0)}{\delta_m^{max(\delta_m^f - \delta_m^0)}} \tag{3-30}$$

式中：δ_{max}——加载历史的最大有效位移；

δ_m^0——界面损伤初始状态对应的界面开裂有效位移；

δ_m^f——界面裂纹最终破坏的有效位移。

基于上述损伤演化过程，当损伤因子 d 取值达到 1 时完全破坏，有限元软件手册给出了几种定义混合开裂的损伤演化断裂准则，包括幂法（Power law）准则[10]和 B-K 准则[14]。

幂法准则表达式为：

$$\left(\frac{G_n}{G_I}\right)^\alpha + \left(\frac{G_s}{G_{II}}\right)^\alpha + \left(\frac{G_t}{G_{III}}\right)^\alpha = 1 \tag{3-31}$$

式中：G_n，G_s 和 G_t——裂纹完全破坏的时候界面法向和两个剪切方向的断裂能；

G_I——仅考虑 mode I 的界面断裂能；

G_{II} 和 G_{III}——仅考虑 mode II 和 mode III 的界面断裂能。

关于参数 α 的取值，文献[10,13]在利用混合模式模拟界面胶层的有限元分析中常将 α 取为 1 使其成为线性断裂准则，同时假设两个剪切方向采用相同损伤演化模型即具备等方剪切特性，因此 $G_{II} = G_{III}$，$G_s = G_t$。并通过模型验证了该线性准则的准确性。在本研究中假设垂直胶层厚度方向的两个剪切方向同样采用相同的损伤演化模型 mode II，同时采用将幂法准则中的 α 取为 1 的线性断裂准则：

$$\frac{G_n}{G_I} + \frac{G_s}{G_{II}} + \frac{G_t}{G_{III}} = 1 \tag{3-32}$$

综上所述，3.3 节中 CFRP 加固带缺陷钢梁有限元模型中的粘结层均采用混合模式进行分析。混合模式中界面法向的最大开裂位移和界面断裂能将根据仅考虑 mode I 的粘结分离模型进行计算，两个剪切方向的最大开裂位移和界面断裂能计算则采用 Xia[8]和 Teng 等[9]的粘结滑移模型中的公式进行计算。其中，仅考虑 mode I 的粘结分离模型采用胶层抗拉强度 f_t 作为界面开裂强度，仅考虑 mode II 的粘结滑移模型中采用胶层粘结强度为 $0.8f_t$ 作为开裂强度。同时，依然采用粘结层抗拉强度 f_t 作为界面法向的开裂强度，垂直于界面法向的两个剪切方向的开裂强度则采用粘结层抗剪强度 τ_f。

3.3　CFRP 加固缺陷钢梁的有限元分析

本节以 3.2 节为基础，介绍了 CFRP 加固缺陷钢梁的有限元分析内容，采用混合模式内聚力法则作为粘结层本构，利用内聚力单元模拟粘结层建立了"缺陷钢梁-粘结层-CFRP板"的有限元模型，对 CFRP 加固缺陷钢梁模型分别采用 3 种网格尺寸进行了收敛性分析，同时将有限元模型分析结果与试验结果对比分析，并分析了 CFRP 加固带缺陷钢梁的破坏模式，验证了模型的准确性。最后基于有限元结果，通过参数分析介绍了裂纹深度、CFRP弹性模量和厚度的改变对加固效果的影响。本节内容使用的有限元工具是大型通用商业有限元软件 ABAQUS。

3.3.1　材料参数

1. 钢梁材料参数

钢梁的几何模型与前述 CFRP 加固缺陷钢梁的试验研究中的模型一致，详见 3.1.2 小节。结合 3.2 节和文献[6]可知缺陷钢梁在 CFRP 板剥离破坏前并未发生明显开裂，因此并未对缺陷钢梁自身的裂纹扩展进行模拟。同时文献[15]指出材料本构模型中一般提供的是包括弹性应变在内的总应变，而不是塑性应变。因此为得到塑性应变，应用总应变减去弹性应变，其表达式为：

$$\varepsilon_{plastic} = \varepsilon_{total} - \varepsilon_{elastic} \tag{3-33}$$

式中：$\varepsilon_{plastic}$——真实塑性应变；

　　　ε_{total}——真实总应变；

　　　$\varepsilon_{elastic}$——真实弹性应变。

因此在有限元模型中对缺陷钢梁采用本构模型如图 3-20 所示。

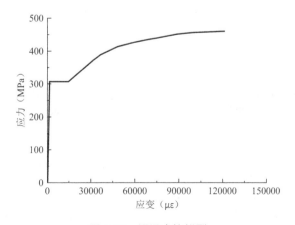

图 3-20　钢梁本构模型

2. 粘结层材料参数

粘结层是 CFRP 加固带缺陷钢梁的薄弱环节，加固梁的失效破坏也往往是由于粘结层的退化导致 CFRP 板的剥离断裂。根据 3.2 节介绍的混合模式粘结退化模型，采用内聚力单元对粘结层进行有限元模拟，混合模式内聚力法则的粘结层界面法向退化模式采用仅考虑 mode I 的粘结分离模型，假设垂直粘结层厚度方向的两个剪切方向采用相同的仅考虑 mode II 的粘结滑移模型。文献[6]中的 CFRP 加固带缺陷梁试验，胶层采用的是 Sikadur-30 粘钢胶，根据厂家提供的胶层材料数据可知粘结层弹性模量和剪切模量分别为 11.2GPa 和 4.31GPa，而抗拉强度和剪切强度分别为 27MPa 和 18MPa，拉伸极限应变为 0.0035。根据粘结层材料数据，通过式(3-7)、式(3-8)求得界面法向 mode I 的最终失效位移和界面断裂能，而垂直于界面法向的两个剪切方向均采用与 mode II 相同的有限元参数，其最终失效位移和界面断裂能则根据式(3-16)、式(3-17)求得，结果记录于表 3-6。图 3-21，图 3-22 分别为有限元模拟粘结层所使用的混合模式中的 mode I 和 mode II 的粘结分离曲线。

粘结层牵引分离模型参数   表 3-6

混合模式中的粘结退化模型	最大开裂强度（MPa）	最大开裂强度对应的有效开裂位移（mm）	界面断裂能（N/mm）
粘结层法向 mode I	27	0.00241	0.0473
粘结层切向 mode II	18	0.00418	1.81

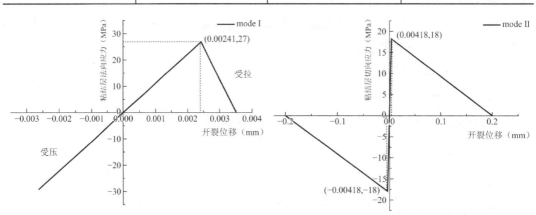

图 3-21　有限元模拟粘结层所用混合模式中 mode I 的粘结分离曲线

图 3-22　有限元模拟粘结层所用混合模式中 mode II 的粘结分离曲线

3. CFRP 板材料参数

CFRP 板与带缺陷工字钢梁翼缘等宽粘结于梁底，其长度和厚度分别为 400mm 和 1.4mm。CFRP 板的有限元参数为：$E_{p1} = 127.2$GPa，$E_{p2} = E_{p3} = 10$GPa；泊松比为：$\upsilon_{p12} = \upsilon_{p13} = 0.0058$，$\upsilon_{p23} = 0.3$；剪切模量为：$G_{12} = G_{13} = 26.5$GPa，$G_{23} = 4.7$GPa。由于 CFRP 板主要为纵向受拉，通过对比 CFRP 板采用各向同性和正交各向异性进行模拟的有限元结

果，发现另外两个方向的参数对有限元结果几乎没有影响。

3.3.2 CFRP 加固缺陷钢梁有限模型建立

有限元软件 ABAQUS 配置了一系列的功能模块，包括：部件（Part）、特性（Property）、装配（Assembly）、分析步（Step）、相互作用（Interaction）、载荷（Load）、网格（Mesh）、作业（Job）、可视化（Visualization）、草图（Sketch）。有限元模型从几何部件建立到结果分析都需经过以上步骤才能完成。图 3-23 为建立 CFRP 加固带缺陷钢梁有限元模型的创建流程，包括创建完几何部件并赋予材料参数、对几何部件进行装配、设置分析步、定义接触和边界条件，然后进行布种网格划分，最后进行作业输出结果。缺陷钢梁和 CFRP 板采用八节点三维实体非协调单元（C3D8I）来进行模拟，八节点三维实体非协调单元（C3D8I）模拟弯曲、接触问题可以得到较精确的结果。缺陷钢梁和 CFRP 板靠粘结层作为媒介进行力的传递，因此对于粘结层的处理是本模型中的关键问题。根据前述的混合模式，粘结退化模型采用内聚力单元（Cohesive element）对粘结层进行模拟，粘结层单元类型为八节点三维内聚力单元（COH3D8）。内聚力单元考虑了材料沿厚度方向的性能，是 ABAQUS 基于牵引分离定律开发的用以模拟两个部分之间的黏性连接，一般来说，它要求粘结材料尺寸和强度都小于粘结部分。相关文献证明[9-10]采用内聚力单元模拟多层复合材料的粘结层和粘结构件的界面破坏能得到较精确的结果。

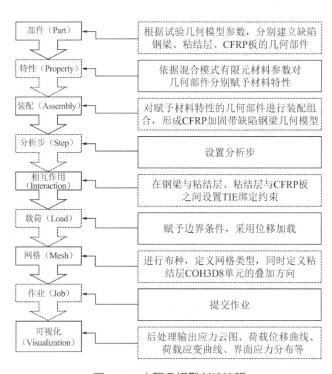

图 3-23 有限元模型创建流程

在前述的材料特性中已经定义了粘结层的混合模式粘结退化模型,故采用粘结层的损伤演化来代替界面的失效破坏,并且假设"缺陷钢梁-粘结层-CFRP 板"组合构件在破坏之前一直与钢梁协同工作。对钢梁-粘结层和粘结层-CFRP 板的接触采用 TIE 进行约束绑定,同时对钢梁-粘结层和粘结层-CFRP 板的接触区域划分同样网格尺寸,即将两种不同材料的接触界面节点自由度完全约束在一起。图 3-24 为荷载为 6.3kN 时缺口处粘结层主应力与粘结层单元个数的关系曲线。由图中可知当粘结层单元个数达到 1200 个时,缺口处粘结层主应力不再发生明显变化,说明此时有限元模型网格尺寸已收敛。同时考虑到计算效率和模型精度,在本次计算中有限元模型的具体网格划分为:粘结层网格尺寸取 2.5mm × 2.5mm × 1mm(厚度),钢梁则采用 2.5mm × 2.5mm × 2.5mm,CFRP 板为 2.5mm × 2.5mm × 0.7mm(厚度),模型网格划分如图 3-25 所示。

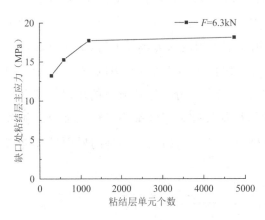

图 3-24　缺口处粘结层主应力与粘结层单元　　　　　　图 3-25　模型网格划分
　　　　　个数的关系曲线

3.3.3　有限元模型验证

本小节所开展的有限元结果验证主要对比 3.1 节的试验内容,共分为 3 个验证部分,分别是刚度验证、CFRP 纵向应变分布验证、承载力验证。具体如下:

1. CFRP 加固带缺陷钢梁刚度对比验证

带缺陷未加固钢梁和 CFRP 板加固缺陷钢梁的有限元分析与试验值的荷载-挠度曲线对比,分别如图 3-26 和图 3-27 所示。由于剥离破坏前缺陷钢梁的缺口未发生扩张,因此未对缺陷钢梁自身的裂纹扩展进行模拟,从图 3-26 可以看出带缺陷未加固钢梁有限元结果与试验结果在数值与趋势上基本保持一致。图 3-27 表明 CFRP 加固缺陷钢梁有限元计算结果与试验得到的荷载-挠度曲线吻合较好。综合来看,无论是未加固还是 CFRP 加固带缺陷钢梁,其试验结果与有限元结果的荷载-挠度发展曲线均吻合较好,这也验证了本模型参数选取合理,利用该模型模拟 CFRP 加固带缺陷钢梁具备准确性。

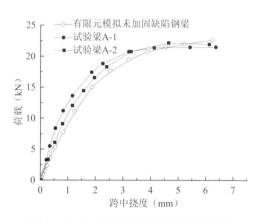

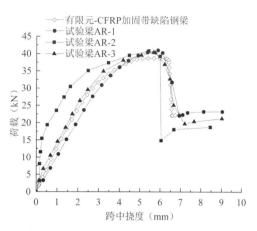

图 3-26　未加固缺陷钢梁荷载-挠度曲线　　图 3-27　CFRP 加固缺陷钢梁荷载-挠度曲线

2. CFRP 纵向应变分布对比验证

将试验梁 AR-1、AR-2 和 AR-3 分别在开裂荷载和极限荷载作用下的 CFRP 板纵向应变分布与相应的 CFRP 加固带缺陷钢梁的有限元结果对比如图 3-28 和图 3-29 所示。由图可知，在开裂荷载作用下试验结果与有限元结果的 CFRP 纵向应变分布吻合较好，而在靠近跨中裂纹位置有限元结果略大于试验结果，这是由于在有限元分析中纯缺陷钢梁相对试验钢梁刚度略有下降（这在图 3-26 中的未加固缺陷钢梁荷载-挠度曲线可以看出），因此 CFRP 板需要更多地承担由界面传递过来的荷载导致应变偏大。而极限荷载作用下试验结果与有限元结果的 CFRP 纵向应变分布同样吻合较好，有限元结果与试验结果在距离跨中 100mm 以内均保持较大的应变值。CFRP 纵向应变分布均吻合良好进一步说明了利用该模型模拟 CFRP 加固带缺陷钢梁的准确性。

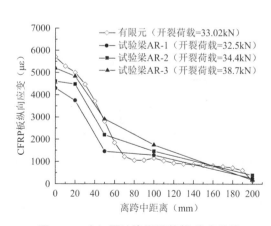

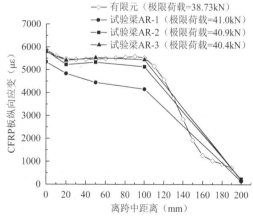

图 3-28　未加固缺陷钢梁荷载-挠度曲线　　图 3-29　CFRP 加固缺陷钢梁荷载-挠度曲线

当荷载等于 6.25kN 时，依据 2.2 节中理论计算公式计算求得的 CFRP 纵向应变分布与有限元结果比较如图 3-30 所示。由图可知，有限元结果与理论计算值在靠近 CFRP 板端部附近应变值保持一致，吻合较好，而在靠近跨中附近的位置，有限元计算的应变值大于理论计算的应变值。跨中附近有限元结果的应变值偏大的主要原因是理论计算公式中未考虑 CFRP 板的弯曲变形，由于越靠近跨中 CFRP 板弯矩越大，使得有限元计算的 CFRP 板应变值也越大于理论计算的应变值。

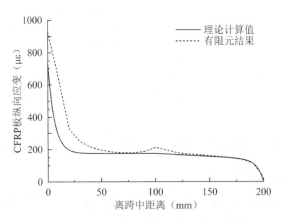

图 3-30　$F = 6.25\text{kN}$ 时 CFRP 板应变分布对比

3. CFRP 加固带缺陷钢梁承载力对比验证

钢梁有限元与试验的承载力对比结果如表 3-7 所示，从表中可以看出有限元结果与试验梁 AR-1、AR-2 和 AR-3 的开裂荷载偏差分别为 −1.6%、4.0% 和 14.7%，有限元结果与 AR-1、AR-2 梁的偏差很小说明吻合较好，而与 AR-3 梁的偏差相对更大，这是由于试验具有一定的离散性而导致的。同时有限元结果与试验的极限荷载的最大偏差小于 6%，且极限荷载对应的跨中挠度最大偏差也低于 10%，说明有限元结果与试验结果的极限承载力和达到极限承载力时挠度值相差很小，也说明利用该模型可以较准确模拟 CFRP 加固带缺陷钢梁。

有限元结果与试验钢梁的承载力对比　　　　　　　　　　　　　　表 3-7

钢梁类型	开裂荷载（kN）	偏差	极限荷载（kN）	偏差	极限荷载对应跨中挠度（mm）	偏差
有限元模拟	33.02	—	38.73	—	5.95	—
试验梁 AR-1	32.5	−1.6%	41.0	5.5%	5.88	1.2%
试验梁 AR-2	34.4	4.0%	40.9	5.3%	5.42	−9.8%
试验梁 AR-3	38.7	14.7%	40.4	4.1%	5.66	−5.1%

3.3.4　CFRP 加固缺陷钢梁界面应力分布与验证

1. 粘结界面应力分布

图 3-31 为不同荷载等级粘结层应力分布云图，图 3-32 则为不同荷载等级粘结界面

（Ⅱ-Ⅱ）的界面纵向应力曲线。

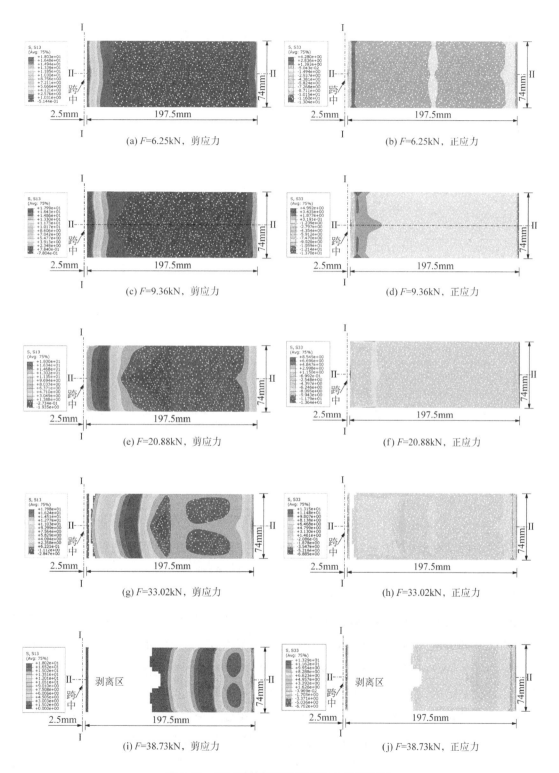

图 3-31 不同荷载等级粘结层应力分布云图

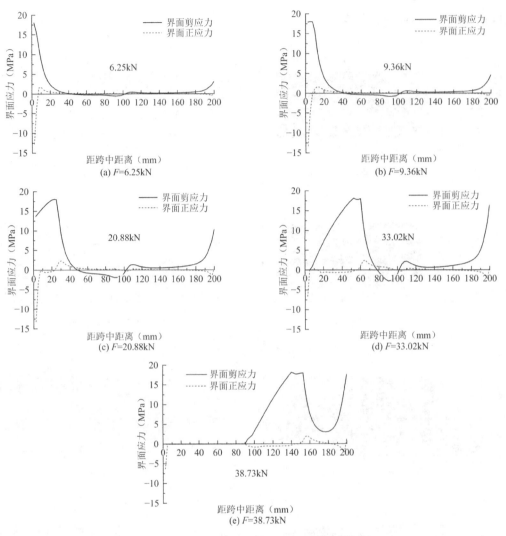

图 3-32　不同荷载等级粘结界面纵向曲线应力

从图中可以看出，当$F = 6.25$kN 时，钢梁缺口附近和 CFRP 板端的粘结层均产生了界面应力集中，缺口处界面剪应力达到最大值，且此时缺口附近的界面剪应力明显大于板端的界面剪应力。当荷载达到 9.36kN 时，缺口附近界面应力集中区域增大，而此时界面正应力上升至最大值。当荷载达到 20.88kN 时，缺口附近界面剪应力明显下降，而离跨中 20mm 处为最大界面剪应力位置且附近有明显的应力集中，说明随着荷载的增长，界面应力集中从缺口往板端方向发展，同时相比$F = 6.25$kN 时的板端剪应力上升。由于有限元分析粘结单元（cohesive element）设置了单元删除，当$F = 33.02$kN（开裂荷载）时距离跨中 5mm 处界面应力等于 0 也即该位置单元完全失效退出工作，此时应力往板端释放，在离跨中 60mm 处界面剪应力最大，该位置呈较明显应力集中。当达到极限荷载 38.73kN 时，距跨中 90mm 以内的界面应力均降为 0，即该部分粘结单元完全失效（纯弯段内粘结层基本退出工作）。随后荷载经过略微下降，粘结界面应力全降为 0，粘结层单元全部失效，发生剥离。

根据 3.2 节有关粘结层本构模型的介绍可知，胶层受压时不会导致粘结分离破坏。由各荷载级别应力分布可以看出，剥离前缺口处界面正应力始终为正且受拉粘结单元的正应力值均较小，而随着荷载的增长，界面剪应力集中由缺口往 CFRP 板端发展，且明显大于界面最大正应力。因此缺口附近粘结层单元发生退化主要由界面剪应力引起，粘结界面也主要发生受剪破坏。

2. 粘结界面破坏模式与对比

关于 CFPP 加固带缺陷钢梁，3.1 节中的试验结果表明 AR-1 梁在荷载达到 32kN 左右以前都处于未开裂的线弹性阶段。通过相机检测记录显示当荷载达到 32.5kN 时，CFRP 加固缺陷钢梁缺口处粘结层开裂，产生界面裂纹，同时随着荷载的继续增大界面裂纹持续扩展，达到极限荷载 41.01kN 后荷载开始缓慢下降，并且腹板处裂纹尖端开始有凹陷现象；当荷载下降到 40.2kN 时，一侧 CFRP 板全部剥离而另一侧残余小部分依旧粘结在一起，最终宣告加固结构发生剥离破坏。其他试验梁（AR-2 和 AR-3）的破坏模式均与 AR-1 梁类似。

而通过上述对 CFRP 加固带缺陷钢梁的界面应力分析可知，有限元钢梁在荷载分别为 6.25kN 和 9.36kN 时，界面剪应力和正应力均达到最大值随后开始下降，且此时缺口处粘结界面出现很明显的界面应力集中，随着荷载的继续增加至 20.88kN 时缺口粘结层出现明显软化，而当荷载达到 33.02kN（开裂荷载）时，有限元钢梁在缺口附近的粘结层单元失效产生初始界面裂纹，随着荷载的持续增大，缺口附近粘结层单元失效个数不断上升，达到极限荷载 38.73kN 时从缺口到加劲肋下方附近的粘结层单元基本都完全失效。达到极限荷载后荷载经过微小下降到 37.53kN 时，模型梁荷载发生急剧下降而跨中挠度变化很小，模型梁右侧粘结层单元全部失效，CFRP 板发生剥离破坏。

综上所述，试验钢梁与有限元钢梁的破坏模式基本相同，均为缺口处粘结层率先开裂并往 CFRP 板端扩展，并且最终加固梁都发生剥离破坏。由此可知，试验结果与有限元结果的粘结层破坏模式保持一致，这也进一步验证了利用该模型模拟 CFRP 加固带缺陷钢梁的准确性。

3. 粘结界面应力数值的有限元与理论对比

当所加荷载为 6.25kN 和 9.36kN 时，有限元计算的粘结界面应力与 2.2 节中的理论计算结果对比分别如图 3-33 和图 3-34 所示。从图中可以看出荷载为 6.25kN 的界面应力理论值与有限元结果均在缺口附近产生更加明显的应力集中，且界面应力分布的理论值与有限元结果吻合较好。当荷载增加到 9.36kN 时，有限元钢梁缺口处界面应力值开始有略微下降，而此时缺口处理论计算的界面应力值也明显大于有限元结果。二者存在偏差的主要原因是理论计算仅考虑线弹性分析，未考虑粘结界面的失效退化过程，因此随着荷载的持续增大缺口附近界面应力理论值将不断增大，而有限元钢梁随荷载的增大最终缺口处界面应力将不断降低至 0，且界面应力集中往板端进行扩展，因此理论计算的界面应力相对偏大。

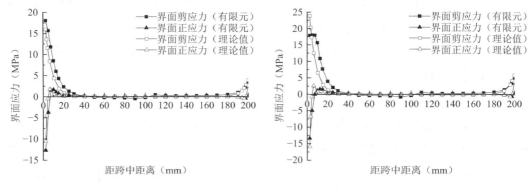

图 3-33　$F=6.25$kN 界面应力分布对比　　　图 3-34　$F=9.36$kN 界面应力分布对比

3.3.5　参数分析

本小节的主要内容是通过已得到验证的 CFRP 加固带缺陷钢梁的有限元模型，改变缺陷钢梁的裂纹长度、CFRP 板的弹性模量和厚度，从而分析以上各参数对 CFRP 加固带缺陷钢梁的承载力和界面应力的影响。下面通过改变三种不同参数分别建立的有限元模型，对有限元参数分析结果进行介绍。

1. 裂纹长度对 CFRP 加固带缺陷钢梁的影响

为考察不同裂纹长度的缺陷钢梁在粘结 CFRP 加固后的加固效果，分别建立了 CFRP 加固三种不同裂纹长度的缺陷钢梁的有限元模型进行对比分析。其中一种裂纹长度为 14.4mm（图 3-5），另外两种裂纹仅改变了裂纹长度，其余参数与该裂纹相同，长度分别为 34.4mm 和 54.4mm。不同裂纹长度下荷载-跨中挠度曲线对比结果如图 3-35 所示，从图中可以看出裂纹长度越大，开裂荷载和极限荷载均越低，并且极限荷载对应的挠度也越低。图 3-36 为不同裂纹长度的加固钢梁在缺口附近（粘结层开裂处）的界面应力随荷载变化的曲线，裂纹长度 14.4mm、34.4mm 和 54.4mm 的加固钢梁在荷载分别达到 9.36kN、5.99kN 和 5.81kN 时界面剪应力与正应力均达到最大值，此后开裂处界面应力开始下降，说明此时缺口附近粘结层开始软化，同时表明：裂纹长度越大，粘结层退化对应的荷载也越低。裂纹长度 14.4mm、34.4mm 和 54.4mm 的加固钢梁在荷载分别达到 33.02kN、25.92kN 和 21.63kN 时界面剪应力与正应力均降为 0，表明缺口附近处粘结单元完全失效，也即粘结层开始发生开裂。

参数分析结果表明：当粘结层进入软化阶段后，裂纹长度越大，缺口处界面应力越小，界面应力下降相对更快。同时裂纹长度越大，加固梁的开裂荷载和极限荷载均越低。因此裂纹长度越大，缺口处粘结层更容易开裂，且极限承载力和延性会明显降低而过早发生剥离破坏。裂纹长度越大，采用粘结该种 CFRP 板加固方式越难以达到较理想的加固效果。

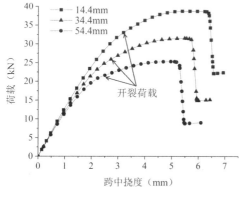

图 3-35　$F = 9.36\text{kN}$ 界面应力分布对比

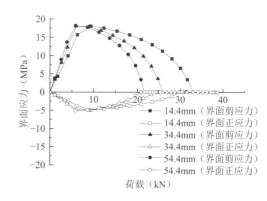

图 3-36　不同裂纹长度在缺口附近粘结层
开裂处界面应力-荷载曲线

2. CFRP 弹性模量对 CFRP 加固带缺陷钢梁的影响

为研究粘结不同弹性模量的 CFRP 加固缺陷钢梁的加固效果，分别研究了三种工程上较常用的三种弹性模量区间的 CFRP 板，三种弹性模量值分别为 127.2GPa、200GPa、250GPa。采用不同 CFRP 弹性模量的加固梁的荷载-跨中挠度曲线对比如图 3-37 所示，从图中可以看出 CFRP 弹性模量越大，极限荷载均越大，但极限荷载对应的挠度则越低，因此采用高弹模碳板可以有效提高加固梁极限承载力，但加固梁延性有略微降低。

图 3-38 为采用不同 CFRP 弹性模量的加固钢梁在缺口附近对应的粘结层开裂处的界面应力随荷载变化的曲线，CFRP 弹性模量分别为 127.2GPa、200GPa 和 250GPa 的加固钢梁在荷载分别达到 9.36kN、9.72kN 和 9.93kN 时界面剪应力与正应力均达到最大值，此后界面应力开始下降，说明此时缺口附近粘结层开始软化，同时表明改变 CFRP 弹性模量对引起粘结层退化的荷载影响不大。而 CFRP 弹性模量分别为 127.2GPa、200GPa 和 250GPa 的加固钢梁在荷载分别达到 33.02kN、38kN 和 41.74kN 时，界面剪应力与正应力均降为 0，表明缺口附近处粘结单元完全失效，也即粘结层开始发生开裂。

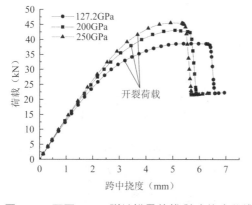

图 3-37　不同 CFRP 弹性模量荷载-跨中挠度曲线

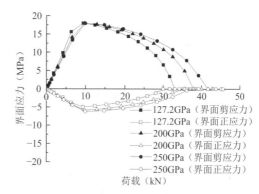

图 3-38　不同 CFRP 弹性模量在缺口附近粘结层
开裂处界面应力-荷载曲线

结果表明：当粘结层进入软化阶段后，CFRP 板弹性模量越大，缺口处界面应力也越大，界面应力下降趋势相对更缓慢。同时 CFRP 弹性模量越高加固梁的开裂荷载和极限荷载均越高。因此采用更高弹性模量的 CFRP 板粘结加固可以有效延缓粘结层的开裂并提高极限承载能力，但其延性明显降低的特点会使其更早发生剥离破坏。

3. CFRP 板厚度对 CFRP 加固带缺陷钢梁的影响

为考察粘结不同厚度的 CFRP 板加固缺陷钢梁的加固效果，分别采用三种试验研究和工程上较常用的 CFRP 板厚度进行有限元分析，三种 CFRP 板的厚度分别为 1.4mm、2mm、3mm。不同 CFRP 弹性模下加固梁的荷载-跨中挠度曲线对比如图 3-39 所示，从图中可以看出 CFRP 板厚度越大，极限荷载越大，但极限荷载对应的挠度则越低，因此增加 CFRP 板厚度可以有效提高加固梁极限承载力，但同时加固梁延性明显降低。

图 3-40 为粘结不同厚度的 CFRP 板的加固钢梁在缺口附近对应的粘结层开裂处的界面应力随荷载变化的曲线，粘结厚度分别 1.4mm、2mm 和 3mm 的 CFRP 板的加固钢梁在荷载分别达到 9.36kN、9.64kN 和 14.96kN 时界面剪应力与正应力均达到最大值，此后界面应力开始下降，说明此时缺口附近粘结层开始软化。而粘结厚度分别 1.4mm、2mm 和 3mm 的 CFRP 板的加固钢梁在荷载分别达到 33.02kN、36.82kN 和 43.15kN 时界面剪应力与正应力均降为 0，表明缺口附近处粘结单元完全失效，也即粘结层开始发生开裂。

结果表明：粘结层进入软化阶段后，CFRP 板厚度越大，缺口处界面应力也越大；界面应力下降得更缓慢。同时 CFRP 厚度越大加固梁的开裂荷载和极限荷载越大。因此 CFRP 厚度增大可以有效延缓粘结层的开裂并提高极限承载能力，但同 CFRP 弹性模量相类似，过厚的 CFRP 板会使结构因延性降低而更早发生剥离破坏。

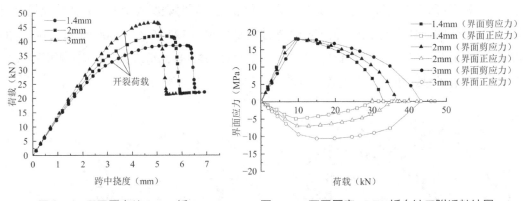

图 3-39　不同厚度的 CFRP 板
荷载-跨中挠度曲线

图 3-40　不同厚度 CFRP 板在缺口附近粘结层
开裂处界面应力-荷载曲线

通过上述有限元分析，结合 2.1.3、2.2.8 小节的理论参数分析内容可知，在钢结构损伤初期进行结构加固，能在更大程度上保障钢结构的使用安全性，因此在实际工程应用中，应尽早发现结构缺陷，减小缺陷处的应力集中，做到早发现、早修复；同时，在一定程度上合理提升加固材料的强度与刚度，亦可以有效提升钢结构的安全性能。

3.4　小结

本章主要以 CFRP 加固缺陷钢梁为例，在明确了相关理论基础后，介绍了 CFRP 加固缺陷钢梁的相关试验，从强度、刚度、应变、破坏模式方面介绍了试验结果与加固效果，并结合上一章的相关理论，对 CFRP 板的纵向受力予以验证；进一步介绍了粘结层本构模型，探究了 CFRP 加固钢结构粘结界面的粘结机理与典型破坏类型；同时，以该本构模型为基础开展了 CFRP 加固缺陷钢梁的有限元分析，对有限元模型的正确性进行了验证，计算了 CFRP 加固缺陷钢梁界面应力并予以验证。本章结合第 2 章相关理论，通过试验与有限元手段进一步了解 CFRP 加固钢结构的性能变化规律，分析了 CFRP 加固带缺陷钢结构的界面应力分布和破坏模式，同时研究了各参数对加固效果的影响，相关结果可为实际钢结构加固工程提供参考。

参考文献

[1]　国家质量技术监督局. 钢及钢产品　力学性能试验取样位置及试样制备: GB/T 2975—1998[S]. 北京: 中国标准出版社, 1998.

[2]　胡福增, 郑安呐, 张群安. 聚合物及其复合材料的表界面[M]. 北京: 中国轻工业出版社, 2001.

[3]　翟海潮, 李印柏, 林新松. 粘接与表面粘涂技术[M]. 2 版. 北京: 化学工业出版社, 1997.

[4]　夏文干, 蔡武峰, 林德宽. 胶接手册[M]. 北京: 国防工业出版社, 1989.

[5]　王伟佳. CFRP 加固工字钢梁非线性有限元数值模拟分析[D]. 合肥: 合肥工业大学, 2009.

[6]　DENG J, JIA Y, ZHENG H. Theoretical and experimental study on notched steel beams strengthened with CFRP plate [J]. Composite Structures, 2016, 136: 450-459.

[7]　张立德. 湿热环境下 CFRP 板加固中央带孔钢板抗拉承载力研究[D]. 广州: 广东工业大学, 2015.

[8]　XIA S, TENG J. Behaviour of FRP-to-steel bonded joints [C]//Proceedings of the International Symposium on Bond Behaviour of FRP in Structures, International Institue for FRP in Construction. Winnipeg, MB, Canada, 2005: 411-418.

[9]　TENG J, FERNANDO D, YU T. Finite element modeling of debonding failures in steel beams flexurally strengthened with CFRP laminates [J]. Engineering Structures, 2015, 86: 213-224.

[10]　CAMANHO P P, DAVILA C G. Mixed-mode decohesion finite elements for the simulation of delamination in composite materials [J]. National Aeronautics and Space Administration, 2002, (6): 1-37.

[11] CAMPILHO R, MOURA M, DOMINGUES J. Using a cohesive damage model to predict the tensile behavior of CFRP single-strap repairs [J]. International Journal of Solids and Structures, 2008, (45): 1497-1512.

[12] ANDERSSON T, STIGH U. The stress-elongation relation for an adhesive layer loaded in peel using equilibrium of energetic forces [J]. International Journal of Solids and Structures, 2004, (41): 413-434.

[13] CAMANHO P P, DAVILA C G, MOURA M F. Numerical simulation of mixed-mode progressive delamination in composite materials[J]. Journal of Composite Materials, 2003, 37(16): 1415-1438.

[14] BENZEGGAGH M L, KENANE M. Measurement of mixed-mode delamination fracture toughness of unidirectional glass/epoxy composites with mixed-mode bending apparatus[J]. Composites Science and Technology, 1996, 56: 439-449.

[15] 庄茁, 张帆, 岑松. ABAQUS 非线性有限元分析与实例[M]. 北京: 科学出版社, 2005.

第 **4** 章

预应力 CFRP 加固缺陷钢梁抗弯性能研究

碳纤维增强复合材料（CFRP）增强金属结构已成为一种非常有吸引力的延长寿命技术，特别是在存在严重通行限制或安装时间成本较高的情况下[1-3]。但外贴普通 CFRP 加固钢梁破坏时，其底部 CFRP 材料的强度往往还没有充分地发挥，这种现象在缺陷钢梁加固中尤其明显。针对这一不足，本章研发了外贴预应力 CFRP 加固缺陷钢梁技术，并提出了适用于 CFRP 加固钢结构、钢混组合结构的承载力分析和预应力损失计算方法。

4.1 预应力 CFRP 板加固钢梁承载力分析

外贴预应力 CFRP 板能有效提高钢梁的刚度和强度，但是针对其加固效果的分析方法还比较欠缺。对于 CFRP 板加固组合梁抗弯强度，尽管已经进行了大量的试验研究，但 Mattock[4]的弯矩-曲率法仍然是分析 CFRP 板加固梁抗弯强度最常用的方法[5]。基于作者所在课题组已有研究成果，本节以钢混组合梁为分析对象，提出了一种适用于钢梁、组合梁等多种结构的简单闭式解和非线性有限元（FE）分析方法，用来计算加固后组合梁的抗弯强度，并通过建立有限元模型进行结果验证[5]。通过对采用预应力纤维增强复合材料加固（FRP）技术和梁反拱预应力技术的 CFRP 板加固钢梁（或混凝土-钢组合梁）进行受力分析，推导了加固钢梁弹性抗弯承载力的计算公式，并提出了计算承载力及所需 CFRP 截面面积的计算方法[6]。

4.1.1 分析的基本假定、破坏模式

CFRP 加固组合梁，当混凝土厚度为 0 时，则可视为对钢结构的加固，因此仅针对 CFRP 加固组合梁的抗弯强度进行分析。本章在确定粘结和预应力方案之前，将施加在梁上的永久荷载的影响也考虑在内，提出了简单闭式解和非线性有限元（FE）分析方法。首先提出如下基本假设：

（1）组合梁是简支梁，满足平截面假设；

（2）计算时不考虑混凝土抗拉强度；

（3）钢和混凝土的应力-应变关系为弹塑性。钢的屈服强度f_s设置为 $0.9f$（f为钢材料的设计强度）。混凝土的抗压强度f_c等于混凝土的抗压设计强度f_{cm}；

（4）CFRP 为线弹性材料；

（5）忽略 CFRP 板弯曲和 CFRP 板厚度的影响；

（6）钢梁与混凝土板之间的界面受到约束；

（7）忽略预应力引起的 CFRP 板的蠕变、粘结层滑移等。

除此之外，还考虑了加固梁的两种破坏模式：①混凝土压碎；②CFRP 板拉断。对于其他破坏模式，如剥离破坏、钢的局部屈曲等，在本方法中没有考虑。针对不同模式下的承载力分析，将会在下文中进行详细介绍。

对 CFRP 施加预应力的常用方法有预应力 FRP 技术和梁反拱预应力技术。不同预应力施加技术所造成的预应力损失、有效预应力大小有所差异，在进行承载力分析时对此也应加以考虑。

4.1.2　不同破坏模式下抗弯承载力分析及有限元模拟验证

根据平截面假设，两种破坏模式同时发生时截面极限应变分布如图 4-1 所示。

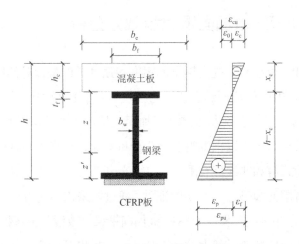

图 4-1　截面应变分布示意图

b_e—混凝土板的有效宽度，h_c—混凝土板的有效高度，b_f、t_f—钢梁上翼缘的宽度和高度，b_w—钢梁腹板厚度，h—组合梁整体高度，z、z'—钢梁中性轴到钢梁上表面和底部的距离，x_c—加固截面中性轴到上表面的距离。

在这种情况下，中性轴高度x记为x_c。对于混凝土，活荷载引起的最大应变ε_c为：

$$\varepsilon_c = \varepsilon_{cu} - \varepsilon_0 \tag{4-1}$$

式中：ε_{cu}——混凝土极限应变；

ε_0——永久荷载引起的应变。

对于 CFRP 板，由活荷载引起的最大应变ε_p为：

$$\varepsilon_p = \varepsilon_{pu} - \varepsilon_f \tag{4-2}$$

式中：ε_{pu}——CFRP 板极限应变；

$\quad\quad\varepsilon_f$——预应力引起的应变。

由图 4-1 得：

$$\frac{\varepsilon_c}{\varepsilon_p} = \frac{\varepsilon_{cu} - \varepsilon_0}{\varepsilon_{pu} - \varepsilon_f} = \frac{x_c}{h - x_c} \tag{4-3}$$

$$x_c = \frac{\varepsilon_{cu} - \varepsilon_0}{\varepsilon_{cu} + \varepsilon_{pu} - \varepsilon_0 - \varepsilon_f} h \tag{4-4}$$

当中性轴高度 $x > x_c$ 时，破坏模式为模式 1，即混凝土压碎破坏。当 $x < x_c$ 时，破坏模式为模式 2，即 CFRP 板拉断。在实际实验中，中性轴位置有三种可能：①在混凝土板内，②在钢梁翼缘内，③在钢梁腹板内。下面分析将考虑不同中性轴位置的影响。

混凝土板的最大抗压能力 F_c、钢梁的最大塑性抗拉能力 F_s、CFRP 板的极限抗拉力 F_p、钢梁上翼缘的最大塑性抗压能力 F_f 可由下式计算：

$$\frac{\varepsilon_c}{\varepsilon_p} = \frac{\varepsilon_{cu} - \varepsilon_0}{\varepsilon_{pu} - \varepsilon_f} = \frac{x_c}{h - x_c} \tag{4-5}$$

$$x_c = \frac{\varepsilon_{cu} - \varepsilon_0}{\varepsilon_{cu} + \varepsilon_{pu} - \varepsilon_0 - \varepsilon_f} h \tag{4-6}$$

$$F_p = \varepsilon_{pu} E_p A_p \tag{4-7}$$

$$F_f = f_s b_f t_f \tag{4-8}$$

式中：A_s 和 A_p——钢梁和 CFRP 板的截面面积；

$\quad\quad E_p$——CFRP 板的弹性模量。

（1）中性轴位于混凝土板内

此时，$F_s + F_p \leqslant F_c$，中性轴位于混凝土板内，如图 4-2 所示。在这种情况下，CFRP 板的破坏模式为拉断破坏。考虑截面的应力平衡有：

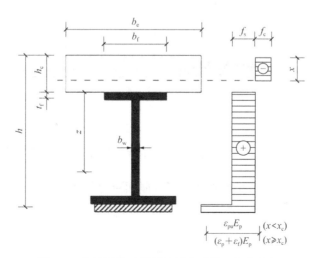

图 4-2 中性轴位于混凝土板内时截面应力分布

$$F_p + F_s = f_c b_e x \tag{4-9}$$

因此

$$x = \frac{F_p + F_s}{f_c b_e} \tag{4-10}$$

当$x < x_c$时，组合梁的抗弯强度可表示为

$$M_u = F_p(h - x) + F_s(h_c + z - x) + f_c b_e \frac{x^2}{2} \tag{4-11}$$

当$x > x_c$时，破坏模式为混凝土压碎破坏。考虑截面的应变相容性，因为

$$\varepsilon_p = \frac{h - x}{x}(\varepsilon_{cu} - \varepsilon_0) \tag{4-12}$$

则 CFRP 板中的拉力F_p可表示为

$$F_p = (\varepsilon_p + \varepsilon_f)E_p A_p = \left[\frac{h - x}{x}(\varepsilon_{cu} - \varepsilon_0) + \varepsilon_f\right]E_p A_p \tag{4-13}$$

最后，将式(4-13)代入式(4-9)，即可得到x的二次方程。将$[x_c, h_c]$式的根代入式(4-11)，即可得到加固梁的抗弯强度。

（2）中性轴位于钢梁翼缘

当$F_c < F_s + F_p \leqslant F_c + 2F_f$时，中性轴位于钢梁上翼缘，如图 4-3 所示。

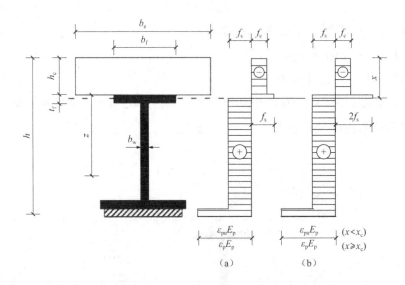

图 4-3 中性轴位于翼缘时截面应力分布示意图

假设破坏模式为 CFRP 板拉断破坏，考虑截面应力平衡：

$$F_p + F_s - 2f_s b_f(x - h_c) = F_c \tag{4-14}$$

则

$$x = h_c + \frac{F_p + F_s - F_c}{2f_s b_f} \tag{4-15}$$

当 $x < x_c$ 时，组合梁的抗弯强度可表示为

$$M_u = F_p(h - x) + F_s(h_c + z - x) + 2f_s b_f \frac{(x - h_c)^2}{2} + F_c\left(x - \frac{h_c}{2}\right) \tag{4-16}$$

当 $x > x_c$ 时，破坏模式为混凝土压碎破坏。将式(4-13)代入式(4-14)，得到 x 的二次方程。方程的一个根 x_1 必须位于 $[x_c, h_c + t_f]$ 中，若 $x_1 \geqslant h_c$，将 x_1 和式(4-13)代入式(4-16)，得到加固梁的抗弯强度。

（3）中性轴位于钢梁腹板上

当 $F_c + 2F_f < F_s + F_p$ 时，中性轴位于钢梁腹板内，如图 4-4 所示。

对于 CFRP 板的断裂，考虑截面的应力平衡

$$F_p + F_s - 2F_f - 2f_s b_w(x - h_c - t_f) = F_c \tag{4-17}$$

因此

$$x = h_c + t_f + \frac{F_p + F_s - F_c - 2F_s}{2f_s b_w} \tag{4-18}$$

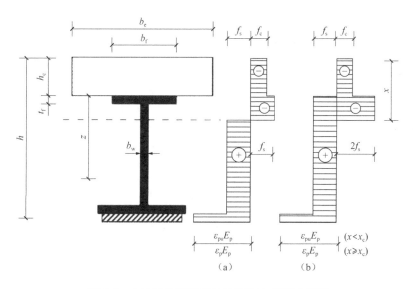

图 4-4　中性轴位于腹板时截面应力分布示意图

当 $x < x_c$ 时，组合梁的抗弯强度可表示为：

$$M_u = F_p x + F_s(h_c + z - x) + 2f_s b_w \frac{(x - h_c - t_f)^2}{2} + 2F_f\left(x - h_c - \frac{t_f}{2}\right) + F_c\left(x - \frac{h_c}{2}\right) \tag{4-19}$$

当 $x > x_c$ 时，破坏模式为混凝土压碎破坏。将式(4-13)代入式(4-17)，即可得到 x 的二次方程。方程的一个根 x_2 一定大于 x_c。当 $x_2 \geqslant h_c + t_f$ 时，将 x_2 和式(4-13)代入式(4-19)，得到加固梁的抗弯强度。如果 $x_2 < h_c + t_f$ 则可以按照中性轴位于钢梁的翼缘上的方法计算 M_u。

对于永久荷载和预应力对抗弯承载力的影响，当 $x < x_c$ 时，永久荷载和预应力不计入式(4-11)、式(4-16)和式(4-19)中。这说明当破坏方式为 CFRP 板拉断时，其抗弯强度 M_u 不

受永久荷载和预应力的影响。当 $x > x_c$ 时，CFRP 板内拉力 F_p 可由式(4-13)计算，这表明，F_p 随永久荷载引起的应变而减小，随预应力引起的应变而增大。将式(4-13)代入式(4-11)、式(4-16)、式(4-19)可知，破坏模式为混凝土压碎时，抗弯强度 M_u 随永久荷载的增大而减小，随预应力的增大而增大。

使用建模软件 ANSYS 对理论计算所得的解析解进行有限元分析验证，模型采用 Tavakkolizadeh 和 Saadatmanesh[7]试验的 CFRP 布加固钢-混凝土组合梁，如图 4-5 所示。

建模设置时，混凝土板采用 8 节点实体单元（单元 solid65）建模，其中钢筋被假定分布在整个单元中。采用 4 节点壳单元（单元 shell43）对钢梁进行建模。连接混凝土板和钢梁的剪力柱采用 2 模态弹簧单元（单元组合 39）进行建模。粘结层采用 8 节点实体单元（单元 solid45）建模。

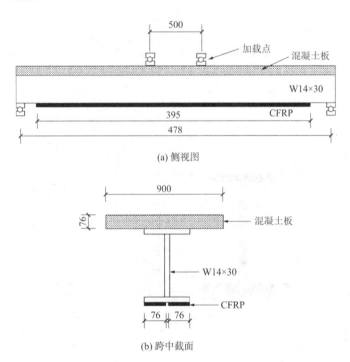

(a) 侧视图

(b) 跨中截面

图 4-5　Tavakkolizadeh 和 Saddetmanesh 试验的加固组合梁示意图

（4）混凝土的本构模型

混凝土在轴压下作用时的应力-应变关系采用式(4-8)进行建模。

当 $\varepsilon \leqslant \varepsilon_0$ 时，

$$\sigma = \sigma_0 \left[2 \left(\frac{\varepsilon}{\varepsilon_0} \right) - \left(\frac{\varepsilon}{\varepsilon_0} \right)^2 \right] \tag{4-20}$$

当 $\varepsilon_0 \leqslant \varepsilon \leqslant \varepsilon_u$ 时，

$$\sigma = \sigma_0 \left[1 - 0.15 \left(\frac{\varepsilon - \varepsilon_0}{\varepsilon_u - \varepsilon_0} \right) \right] \tag{4-21}$$

式中：σ——混凝土的应力；

　　　ε——混凝土的应变；

　　　σ_0——混凝土的抗压强度；

　　　ε_0——混凝土的最大抗压应变，其中，Hognestad 建议 $\varepsilon_0 = 2\left(\frac{\sigma_0}{E_0}\right)$，其中 E_0 为混凝土的
　　　　　原始弹性模量；

　　　ε_u——混凝土的极限抗压应变，$\varepsilon_u = 0.0038$。

（5）钢材的本构模型

钢的应力应变行为采用双线性动态硬化模型，其中动态硬化模量 $E_t = 0.01E_s$[8]。

CFRP 是一种正交各向异性材料，假设其纵向应力应变行为为线性，极限应变 $\varepsilon_{pu} =$ 0.016。假定胶粘剂也是一种线弹性材料。剪力钉的本构关系由下式给出：

$$Q = Q_u\left[1 - e^{-4.75S}\right] \tag{4-22}$$

式中：Q——剪力钉剪力；

　　　Q_u——剪力钉强度；

　　　S——滑移长度。且最大滑移长度设置为 1.25mm，其中

$$Q_u = 0.43A_s\sqrt{E_c f_c} \leqslant 0.7A_s f_u \tag{4-23}$$

式中：A_s——剪力钉截面面积；

　　　E_c——混凝土弹性模量；

　　　f_c——混凝土抗压标准强度；

　　　f_u——剪力钉极限强度。

将该方法用于分析 Tavakkolizadeh 和 Saadatmanesh[7] 的试件。试件的相关信息如表 4-1 所示。

试件信息表　　　　　　　　　　　　　　　　表 4-1

CFRP 布的宽度（mm）	76	钢截面规格	W14×30
CFRP 厚度（mm）	1.27	混凝土板宽度（mm）	900
梁长（m）	4.9	混凝土厚度（mm）	76

其中，CFRP 层数分别设置一层、三层、五层 3 种不同工况。混凝土板内所配钢筋直径为 6.4mm，纵、横钢筋间距均为 150mm。剪力钉直径为 13mm，高度为 51mm，沿两个剪跨在 125mm 中心处焊接到两排受压翼缘上。对试件进行四点弯曲试验直至破坏。试验结果表明，一层和五层碳纤维布加固梁随着混凝土板的压碎而破坏，但三层碳纤维布加固梁由于环氧树脂未完全固化过早失效，最后两层碳纤维布从第一层脱落。图 4-6～图 4-8 给出了一层、三层和五层碳纤维布加固梁的试验荷载与跨中挠度的关系。

可以看出在荷载-变形行为和破坏荷载方面，有限元结果与试验结果非常吻合，表明所提出的理论解析解与 Tavakkolizadeh 和 Saadatmanesh 的试验结果，以及有限元分析计算的

抗弯承载力较为一致。

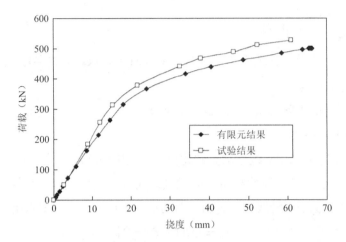

图 4-6 单层 CFRP 布加固梁荷载-挠度曲线

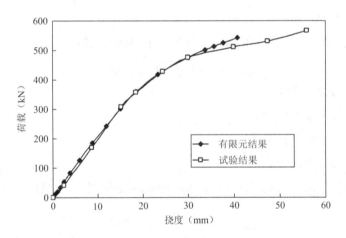

图 4-7 三层 CFRP 布加固梁荷载-挠度曲线

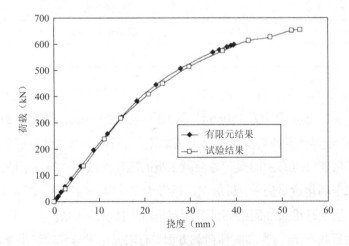

图 4-8 五层 CFRP 布加固梁荷载-挠度曲线

4.1.3 不同预应力技术下 CFRP 加固钢梁抗弯承载力

在 CFRP 板加固钢梁工程中，通常采用预应力 FRP 技术和梁反拱预应力技术来充分发挥 CFRP 板高强度的性能。本小节通过对采用这两种预应力技术的 CFRP 板加固钢梁（或混凝土-钢组合梁）进行受力分析，综合考虑加固前负载（恒荷载）、温度变化、CFRP 预应力及反拱预应力等因素对 CFRP 加固梁承载力的影响，给出截面承载力的计算公式。

1. 梁的轴力和弯矩计算

假设所有材料均处于理想弹性状态并假定所研究的截面不靠近 CFRP 板的板端。根据文献[9]，距板端距离大于 100mm 后，结构胶层的界面剪应力相对较小，可以忽略。因此，忽略梁和板之间的滑移，则有

$$\varepsilon_b = \frac{M_b Z_b}{E_b I_b} + \frac{N_b}{E_b A_b} + \alpha_b \Delta T - \frac{M_f Z_b}{E_b I_b} \tag{4-24}$$

$$\varepsilon_p = -\frac{M_p Z_p}{E_p I_p} + \frac{N_p}{E_p A_p} + \alpha_p \Delta T - \frac{F_f}{E_p A_p} \tag{4-25}$$

式中：下标 b 和 p——梁和 CFRP 板；

ε_b、ε_p——混凝土和 CFRP 应变；

M 和 N——弯矩和轴力；

Z_b 和 Z_p——梁中性轴到底面的距离和 CFRP 板中性轴到顶面的距离；

α 和 ΔT——温度膨胀系数和温度增量；

E、I 和 A——弹性模量、惯性矩和面积；

M_f——梁加反拱卸载后由 CFRP 板受力引起的梁的弯矩；

F_f——CFRP 粘贴时所施加的预张拉力。

考虑到 CFRP 板中的弯矩很小，可以忽略弯矩对 ε_p 的影响。根据截面纵向力及弯矩的平衡可得：

$$N_p = -N_b \tag{4-26}$$

$$M_b = M_1 - N_p(Z_b + Z_p) \tag{4-27}$$

式中：M_1——截面处由活载引起的弯矩，M_b 不包括加固前梁负载（恒荷载）引起的弯矩 M_0。

由 $\varepsilon_b = \varepsilon_p$ 以及式(4-26)和式(4-27)可得：

$$N_p = \frac{1}{S}\left[\frac{Z_b}{E_b I_b}M_1 + (\alpha_b - \alpha_p)\Delta T + \frac{F_f}{E_p A_p} - \frac{M_f Z_b}{E_b I_b}\right] \tag{4-28}$$

$$M_p = \frac{1}{S}\left\{\left[\frac{1}{E_b A_b} + \frac{1}{E_p A_p}\right]M_1 - (Z_b + Z_p)\left[(\alpha_b - \alpha_p)\Delta T + \frac{F_f}{E_p A_p} - \frac{M_f Z_b}{E_b I_b}\right]\right\} \tag{4-29}$$

式中

$$S = \frac{(Z_b + Z_p)Z_b}{E_b I_b} + \frac{1}{E_b A_b} + \frac{1}{E_p A_p} \tag{4-30}$$

由于M_f为反拱引起的负弯矩（负值），而F_f为预拉力（正值），所以由式(4-28)和式(4-29)可以看出，温度增加、预拉力和反拱作用都增加了 CFRP 中的拉力，降低了梁所承受的弯矩。而且，温度变化产生的梁的应变$(\alpha_b - \alpha_p)\Delta T$及反拱产生的梁底边的应变值$-\frac{M_f Z_b}{E_b I_b}$均可等效地看作 CFRP 板中的应变$\frac{F_f}{E_p A_p}$。

2. 加固梁截面的弹性抗弯承载力计算

根据平截面假定，加固梁的截面受力如图 4-9 所示。

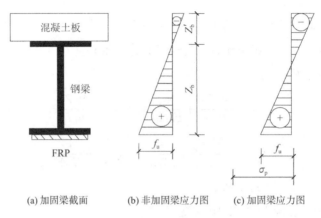

(a) 加固梁截面　　(b) 非加固应力图　　(c) 加固梁应力图

图 4-9　加固梁截面及应力分布

设未加固梁的弹性抗弯承载力为M_u，则梁底边的受拉极限应变为$\frac{M_u Z_b}{E_b I_b}$。因为 CFRP 的极限应变远大于钢材的屈服应变，所以对于加固梁仍然是梁底边的极限拉应力起控制作用。由此可得：

$$\frac{M_0 Z_b}{E_b I_b} + \frac{M_b Z_b}{E_b I_b} + \frac{N_b}{E_b I_b} = \frac{M_u Z_b}{E_b I_b} \tag{4-31}$$

将式(4-28)和式(4-29)代入式(4-31)，可得：

$$M_1 = \left[\frac{Z_b^2 E_p A_p}{E_b I_b} + \frac{E_p A_p}{E_b I_b} + 1 \right] (M_u - M_0) + E_p A_p \left[Z_b + \frac{I_b}{Z_b A_b} \right] \left[\alpha_b \Delta T + \frac{F_f}{E_p A_p} - \frac{M_f Z_b}{E_b I_b} \right] \tag{4-32}$$

因为Z_p远远小于Z_b，且α_p约为 0，故在公式中不予考虑。式(4-32)右边第一项表示截面的改变对承载力的影响，第二项则是温度的变化、FRP 的预张拉和反拱产生的应变对承载力的影响。

加固后结构的极限承载力M_{ru}为：

$$M_{ru} = M_1 + M_0 \tag{4-33}$$

当M_{ru}已知时，则所需的 CFRP 板的面积可由下式确定：

$$A_p = \frac{E_b}{E_p} \left[\frac{M_{ru} - M_u - \left(Z_b + \frac{I_b}{Z_b A_b} F_f \right)}{M_u - M_0 - M_f + \frac{\alpha_b \Delta T E_b I_b}{Z_b}} \right] \times \left(\frac{1}{\frac{Z_b^2 A_b}{I_b} + 1} \right) A_b \tag{4-34}$$

通过以上理论推导，可以得到不同预应力施加方式下 CFRP 加固不同类型梁的截面承载力计算公式，该结果所适用的研究对象可以是钢梁，也可以是钢-混组合梁。

4.2　预应力 CFRP 锚固装置、施加过程及预应力损失

预应力 CFRP 板加固带缺陷钢梁的实际效果，主要与最终产生在 CFRP 中的有效预应力大小有关。在 CFRP 板的张拉控制应力保持一定水平时，有效预应力与预应力损失密切相关。所以，研究 CFRP 板在试验过程中各个阶段的预应力损失大小，对于预应力 CFRP 板加固法应用到实际工程中有重要意义。本节以两类端部带锚具的预应力 CFRP 板加固带缺陷钢梁作为研究对象，主要介绍了 CFRP 板预应力施加过程、CFRP 板卸力放张瞬时以及中长期 CFRP 预应力损失变化情况。

4.2.1　试验材料

试验钢梁采用的热轧 H 型钢为 Q345 钢，高 175mm，翼缘宽 175mm，腹板宽 7.5mm，翼缘厚 11mm，弹性模量为 197.1MPa，屈服强度为 372.9MPa。对钢梁的材料参数进行实测，其实测试件尺寸参照《钢及钢产品力学性能试验取样位置及试样制备》GB/T 2975—1998[10]。

本次试验采用的钢梁跨中受拉翼缘及腹板局部带有缺陷。国外研究[10]对钢梁初始缺陷损伤的裂纹加工采用 a/h 来衡量，其中 a 为钢梁的裂纹长度，h 为钢梁的高度。试验钢梁高为 175mm，综合国外研究成果和课题组前期试验所采取的裂纹加工尺寸，本次试验取 $a/h = 0.12$，经计算钢梁的初始缺陷裂纹长度为 21mm。如图 4-10 所示，钢梁在集中荷载作用处及支座位置按照《钢结构设计标准》GB 50017—2017[11]要求增设 4 个尺寸为 10mm × 80mm × 153mm 的加劲肋，防止加载过程中由于翼缘屈曲而导致钢梁过早破坏。带缺陷钢梁受拉翼缘每端设置 5 排共 10 个螺栓孔，以备平板锚具锚固 CFRP 板。另外在钢梁两端各焊接 1 块 20mm 厚的钢板，每块钢板设置 4 个椭圆形的螺栓孔，以备后面张拉 CFRP 板对钢梁施加预应力。螺栓孔设置成椭圆形主要是为了张拉 CFRP 板时方便调整 CFRP 板与钢梁表面的间距，保证胶层厚度。

CFRP 板两端增设楔形锚具，以备 CFRP 板张拉，对其施加预应力，如图 4-11 所示。CFRP 板厚度为 3mm，长度为 1600mm，宽度为 50mm。CFRP 板材料性能各项指标符合《工程结构加固材料安全性鉴定技术规范》GB 50728—2011[12]的技术要求。CFRP 板的材料参数由厂家提供，CFRP 板的弹性模量为 171GPa，抗拉强度为 2450MPa。

本试验碳板胶符合《工程结构加固材料安全性鉴定技术规范》[12]的要求，碳板胶分为 A 和 B 两个组分，按 2∶1 的配比搅拌后使用。

碳板胶弹性模量为 3.5GPa，抗拉强度为 51.3MPa。所有材料的参数见表 4-2。

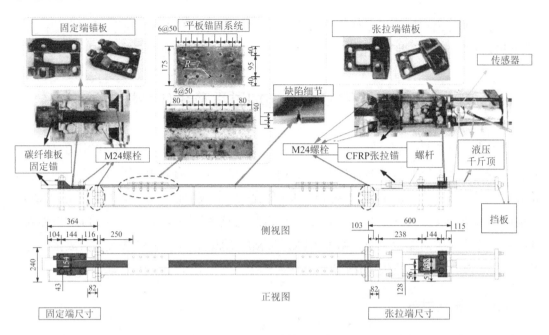

图 4-10　CFRP 板张拉装置

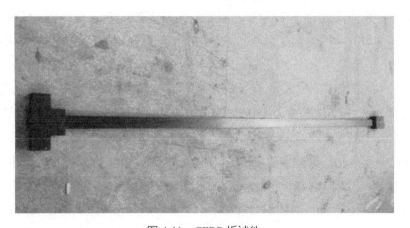

图 4-11　CFRP 板试件

试验材料参数　　　　　　　　　　　　　　表 4-2

材料名称	弹性模量（GPa）	屈服强度/抗拉强度（MPa）
热轧 H 型钢	197.1	372.9
CFRP 板	171	2450
碳板胶	3.5	51.3

4.2.2　预应力 CFRP 锚固装置

既有 CFRP 板材张拉装置主要适用于对混凝土结构施加预应力，如果将其用于加固钢结构，存在以下技术难点：首先，混凝土结构加固中一般采用预埋螺栓孔或者直接开孔将预应力 CFRP 板材张拉装置与混凝土结构用螺栓连接，而钢结构在开孔之后很难承受 CFRP 板材张拉时的张拉力，尤其是张拉控制应力较大时。其次，预应力 CFRP 板的端部锚具有一定厚度，只有在混凝土结构表面开槽至一定深度时才能放置锚具，确保 CFRP 板材紧贴在混凝土结构表面，使胶层厚度不至于太大。由于钢结构的结构和材料特点，钢结构加固时并不能像在混凝土结构表面一样对其进行开槽处理，保证胶层厚度。综上所述，现有的加固混凝土结构的预应力 CFRP 板材张拉装置并不适用于钢结构加固，而目前已有技术中用于加固钢结构的 CFRP 板材预应力张拉装置还比较少见，急需开发新的适用于加固钢结构的 CFRP 板材预应力张拉装置。作者所在课题组研发了一套用于加固钢梁的预应力 CFRP 板材的张拉装置，示意图与实物图如图 4-10 所示。

试验中所使用的 CFRP 板张拉装置为可拆卸式，分为张拉端和固定端部分，张拉端和固定端部分分别由两部分组成：一部分是用于连接钢梁两端的焊接底座，焊接底座在加工制作时沿厚度方向留着 4 个螺栓孔；另一部分是用于固定 CFRP 板两端楔形锚具的锚具底座，锚具底座带有 4 个与焊接底座位置对应的螺栓孔。

4.2.3　CFRP 预应力施加方法

本试验所用 CFRP 板的极限抗拉承载力为 367.5kN，宽度为 50mm，根据碳板胶生产厂家提供的第三方检测报告，所用碳板胶的粘结抗剪强度为 14MPa，所以平板锚具的最小锚固长度 $L = 367.5 \times 10^3/(2 \times 50 \times 14) = 262.5\text{mm}$，本试验平板锚具长度取 300mm。

端锚预应力 CFRP 板加固钢梁的加固过程：

（1）安装预应力张拉设备：将预应力张拉设备与试验梁用螺栓固定牢固。

（2）用马克笔在待加固钢梁受拉翼缘表面上纵向画出 50mm 宽的待加固区域，50mm 是 CFRP 的宽度。

（3）为了检查仪器设备能否正常工作以及 CFRP 板张拉后与钢梁表面的距离是否过大而影响胶层厚度，首先采取较小拉力进行预张拉，预拉力取控制应力的 50%。满足以上两个条件后，对张拉力进行卸载。

（4）用丙酮溶液擦洗钢梁待加固区域与 CFRP 板表面，待表面干燥后，在 CFRP 板表面粘贴蓝色胶布，并预留出粘贴光纤光栅的位置以防止碳板胶污染粘贴光纤光栅位置的 CFRP 板。然后用塑料刮板涂抹碳板胶于试验钢梁翼缘以及平板锚接触 CFRP 板的表面，CFRP 板两端锚具与张拉底座连接固定好，调整两端锚具位置，使 CFRP 板处于待加固区域的粘结胶上。然后安装千斤顶及传感器，以防止出现偏心受拉的情况。

（5）利用千斤顶手动对 CFRP 板施加预应力，预应力分 3 级施加，每一级荷载从开始张拉到结束持续 3min，每一级荷载之间间隔 5min 左右，在张拉到控制应力后进行超张拉，超张拉比例占大约 3% 的张拉控制应力，之后立即扭紧螺母，防止预应力损失。

（6）在钢梁带有螺栓孔的位置用平板锚具将 CFRP 板锚固，为了使拧紧螺栓时的预紧力大小一致，保证平板锚具对 CFRP 板均匀施加压力，本试验通过扭力扳手对螺栓施加预紧力，保证拧紧每个螺栓时的扭矩相同。然后用塑料刮板刮掉 CFRP 板两侧溢出的碳板胶。以上过程需在碳板胶硬化之前完成。

（7）通过千斤顶卸力放张，待碳板胶固化之后，用切割机切除 CFRP 板两端锚具。之后，将试验钢梁与张拉底座之间的螺栓拆开，完成预应力 CFRP 板加固试件的加固。

CFRP 板在张拉过程中应注意，由于 CFRP 板仅由微弱粘结的单丝碳纤维构成，CFRP 板容易沿纵向发生撕裂，同时因为缺乏有效的粘结使得纤维之间应力不能相互传递，导致应力分布不均匀；若部分单丝的碳纤维达到极限应变后即断裂而其他部分的碳纤维仍保持完好，即应力较大区域的碳纤维丝会先于应力较小区域的碳纤维丝破坏，这将导致碳纤维板不能充分发挥其强度优势，造成材料的极大浪费。张拉过程中应采取张拉平稳、锚具夹持均匀、张拉轨道平直等措施使 CFRP 板截面内力分布均匀，防止 CFRP 板被偏心张拉，这样才能获得理想的预应力水平。

4.2.4　预应力监测及损失计算

1.预应力损失检测设备

传统的电阻式应变片容易受外界环境腐蚀和电磁波干扰，受仪器和环境限制不适用于结构的长期实时健康监测。因此，试验采用光纤光栅传感器对 CFRP 板预应力损失情况进行了长期监测。与其他传感器相比，光纤光栅传感器具有灵敏度高、耐腐蚀、长期稳定性好、能实现对被测物理量的绝对观测等诸多优点，是实现实时、连续监测碳纤维板长期预应力的理想传感元件[13]。

光纤光栅应变传感器可通过布拉格反射波长的移动来感应外界细微应变变化。其主要工作原理是基于光模数耦合理论，当光入射进入光纤布拉格光栅时，利用紫外激光在光纤纤芯上刻写一段光栅，当光栅解调仪在带光源发出的连续宽带光通过传输光纤射入时，在光栅处有选择地反射回一个窄带光，其余宽带光继续透射过去，在下一个具有不同中心波长的光栅处进行反射，多个光栅阵列形成光纤光栅传感器测量系统。各光纤光栅反射光的中心波长各不相同，作用在光纤光栅传感器结构上的有入射光谱、反射光谱及透射光谱等3 种光谱。光纤光栅反射中心波长或透射中心波长与介质折射率有关，在温度、应变、压强、磁场等一些参数变化时，光纤光栅有效折射率和光纤光栅周期会发生相应地改变，中心波长也会随之变化。通过光谱分析仪检测反射或透射中心波长的变化，就可以间接检测外界环境参数的变化，即其变化量与应变量及温度变化相关。

试验采用光纤光栅的表面粘贴法是通过一定的胶粘剂将经过封装的光纤光栅传感器或裸露光纤光栅粘贴于 CFRP 板基体的表面，经过胶粘剂固定后来进行应变传递，实现变形检测的目的，其中存在一个从被测结构至光栅纤芯的应变传递过程。为避免张拉粘贴 CFRP

板过程中碳板胶污染粘贴光纤光栅传感器测点的位置，张拉之前用胶布将 CFRP 板沿纵向粘贴覆盖。预应力 CFRP 板加固试件张拉至控制应力，拧紧平板锚之后，用环氧树脂胶粘剂沿着 CFRP 板纵向粘贴光纤光栅，保证胶粘剂完全覆盖光纤光栅。其中 CFRP 板纵向共设置 5 个光栅测点[14]，每两个测点之间间隔 250mm，如图 4-12 所示。

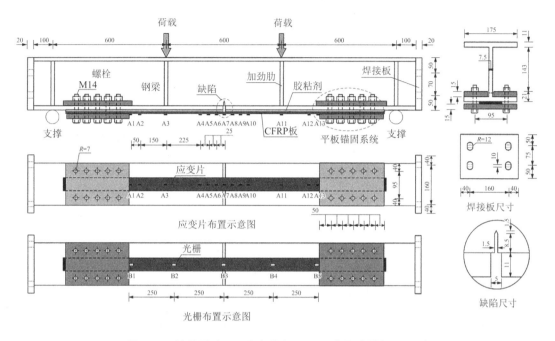

图 4-12　试件尺寸以及应变片和 FBG 的布置（单位：mm）

CFRP 板放张后的预应力长期损失变化情况采用光纤光栅传感器进行监测。所用的光纤光栅传感器采用 SMF-28e 聚酰亚胺涂覆光纤光栅，5 个光栅之间间隔 250mm，光栅的中心波长范围为 1520～1560nm，测点涂覆。由于光纤光栅较细易断，为防止光纤光栅在使用过程中拉断损坏，除光栅测点以外部分均采用塑料保护层保护。光纤光栅接头采用 FC 接头形式。光纤光栅传感器上均匀地涂覆环氧树脂胶粘剂，将其粘贴到 CFRP 板表面。监测过程所使用的光纤光栅解调设备为 LC-FBG-DS400 型光纤光栅解调仪，该型光纤光栅解调仪配有大功率扫描激光光源，通道可串接多个传感器，通过数据线将光纤光栅解调设备的以太网接口与计算机显示器进行连接，组成光纤光栅解调系统。

2. CFRP 板张拉过程监测

根据美国规范《外贴 FRP 加固混凝土结构设计和施工指导规程》，CFRP 片材的最大张拉控制应力不超过其极限强度的 55%，参考该条款在加固设计中的限定值，并考虑到碳纤维片材的徐变断裂性能与制造时偏心误差的影响，本试验中 CFRP 板的张拉控制应力分别取 CFRP 板极限强度的 20% 和 40%。为了准确得到 CFRP 板张拉过程中的预应力变化情况，在 CFRP 板靠近跨中两侧分别贴上一个 5mm×3mm 的电阻式应变片。应变通过 TDS-530 静态数据采集仪进行采集，采集频率为 1Hz。通过连接千斤顶的液压表对张拉力进行监测控制，千斤顶上的液压表荷载每增加 10kN 记录一次静态数据采集仪上显示的应变。

考虑放张后 CFRP 板预应力有所损失，CFRP 板张拉至控制应力后再对其进行超张拉。20%预应力水平的 CFRP 板的张拉控制应力理论值为 490MPa，张拉完成时的实际张拉应力分别是 510MPa、500MPa、500MPa，超张拉应力比例的平均值为 2.6%。40%预应力水平的 CFRP 板的张拉控制应力理论值为 980MPa，张拉完成时的实际张拉应力是 1000MPa、1010MPa、1000MPa，超张拉应力比例的平均值为 2.4%。所监测的 6 根预应力 CFRP 板加固试件的 CFRP 板张拉应力情况如表 4-3 所示。

预应力 CFRP 板张拉后的应变值   表 4-3

试件编号	张拉应力（MPa）		超张拉应力（MPa）	超张拉比例（%）	平均值（%）
	理论值	试验值			
P-20%-1		510	20	4.0	
P-20%-2	490	500	10	2.0	2.6
P-20%-3		500	10	2.0	
P-40%-1		1000	20	2.0	
P-40%-2	980	1010	30	3.1	2.4
P-40%-3		1000	20	2.0	

3. 放张瞬时预应力损失监测

张拉过程中通过粘贴在 CFRP 板上的两个电阻应变片监测应变变化情况。张拉完成后 20%预应力水平的 CFRP 板的应变分别为 3080με、3137με 和 3143με，40%预应力水平的 CFRP 板的应变分别为 6057με、6078με 和 6048με。由于拧紧平板锚和张拉螺杆上的螺栓使 CFRP 板的应变有所增加，具体应变增加情况如表 4-4 所示。放张后的瞬间，20%预应力水平的 CFRP 板的应变分别减少 38με、22με、27με，分别占放张前 CFRP 板应变的 1.21%、0.68%、0.84%。40%预应力水平的 CFRP 板的应变分别减少 53με、33με、49με，约占放张前 CFRP 板应变的 0.85%、0.53%、0.80%。因此，20%预应力水平梁和 40%预应力水平梁的 CFRP 板应变减少平均值分别为 29με 和 45με，预应力损失分别为 0.91%和 0.73%，这部分的预应力损失主要是卸载后 CFRP 板材存在一定的弹性回缩和锚具变形所引起的。这种预应力 CFRP 板放张后产生的预应力损失是无法避免的，其大小与 CFRP 板施加的预应力水平大小、CFRP 板端部锚固效果等有一定关系，在设计时应当考虑这部分预应力损失，在实际施工过程中可以通过提高初始张拉控制力来减小放张瞬时这部分预应力损失造成的不利影响。卸力放张前后 CFRP 板应变变化情况如表 4-4 所示。

放张时预应力损失　　　　　　　　　　　　　　　　表 4-4

试件编号	应变（με）			应变损失（με）	损失比例（%）
	张拉完成	放张前	放张后		
P-20%-1	3080	3118	3080	38	1.21
P-20%-2	3137	3223	3201	22	0.68
P-20%-3	3143	3191	3164	27	0.84
P-40%-1	6057	6209	6156	53	0.85
P-40%-2	6078	6197	6164	33	0.53
P-40%-3	6048	6112	6063	49	0.80

4. 中长期预应力损失监测

如图 4-13 所示，选取张拉控制应力为 490MPa 的 P-20%-3 梁和张拉控制应力为 980MPa 的 P-40%-3 梁，对这两根加固梁试件放张后的预应力损失进行了中长期监测试验，图 4-14 为显示器上的光纤光栅的波长数据采集界面。

 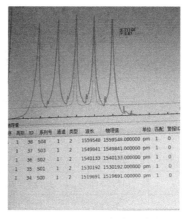

图 4-13　预应力损失监测　　　　图 4-14　波长数据采集界面

在 CFRP 板张拉到试验设定的张拉控制应力的过程中，最大应变会超过 6000με，远超过光纤光栅的变化范围。因此在对 CFRP 板张拉施加预应力的过程中，采用电阻应变片对 CFRP 板应变进行监测。具体操作为：CFRP 板张拉到控制应力，拧紧 CFRP 板两端的平板锚具之后，在千斤顶卸力放张之前，将光纤光栅传感器粘贴到 CFRP 板表面，之后拧紧张拉螺杆上的螺栓，卸力放张，取卸力放张瞬时 CFRP 板的波长作为预应力加固试件 CFRP 板长期预应力损失的初始波长值，以保证数据监测的连续性。卸力放张后用光纤光栅传感器监测 CFRP 板的波长变化情况，通过光纤光栅解调系统的波长数据采集界面，如图 4-14 所示，获得粘贴在 CFRP 板表面的光纤光栅传感器在不同时间点的波长。本次试验分别对 P-20%-3 梁和 P-40%-3 梁的预应力 CFRP 板波长进行了 102 天的监测，二者的预应力 CFRP 板波长随时间变化情况见表 4-5 和表 4-6。

P-20%-3 梁的 CFRP 板波长随时间变化　　　　　　表 4-5

时间（d）	温度（℃）	波长（Pm）				
		测点 1	测点 2	测点 3	测点 4	测点 5
0	34	1520.011	1530.513	1540.403	1550.151	1559.846
1	34.7	1519.985	1530.506	1540.428	1550.151	1559.828
3	36.1	1520.006	1530.535	1540.448	1550.182	1559.855
7	35	1519.982	1530.513	1540.419	1550.166	1559.839
11	34.1	1519.970	1530.488	1540.393	1550.146	1559.834
15	32	1519.931	1530.445	1540.349	1550.102	1559.803
24	33.5	1519.943	1530.470	1540.373	1550.139	1559.835
40	34.9	1519.968	1530.496	1540.397	1550.160	1559.855
65	31.5	1519.906	1530.427	1540.339	1550.092	1559.802
76	27.5	1519.849	1530.358	1540.269	1550.010	1559.723
85	27.1	1519.840	1530.350	1540.261	1550.004	1559.718
94	22	1519.728	1530.235	1540.245	1549.894	1559.608
102	19.6	1519.708	1530.216	1540.155	1549.855	1559.555

P-40%-3 梁的 CFRP 板波长随时间变化　　　　　　表 4-6

时间（d）	温度（℃）	波长（Pm）				
		测点 1	测点 2	测点 3	测点 4	测点 5
0	30.6	1519.893	1530.103	1540.224	1550.011	1559.827
1	30.5	1519.806	1530.081	1540.198	1549.991	1559.840
2	31.2	1519.808	1530.091	1540.202	1550.003	1559.841
5	34.5	1519.847	1530.141	1540.247	1550.061	1559.895
8	36.4	1519.880	1530.182	1540.280	1550.096	1559.922
14	32.6	1519.809	1530.105	1540.212	1550.030	1559.859
19	31	1519.789	1530.077	1540.189	1549.981	1559.830
24	30	1519.787	1530.070	1540.18	1549.904	1559.835
29	29.5	1519.766	1530.044	1540.153	1549.938	1559.814
40	33.7	1519.812	1530.128	1540.243	1550.053	1559.883
69	30.6	1519.767	1530.061	1540.183	1549.976	1559.833
80	27.3	1519.716	1529.995	1540.122	1549.933	1559.762
89	26.6	1519.705	1529.982	1540.104	1549.902	1559.760
102	21.7	1519.596	1529.879	1540.013	1549.823	1559.705

Othonos 和 Kalli 等[15]研究了应变或温度改变对光纤光栅波长变化的影响，并给出了参

考公式。此后，许多学者在此基础上不断研究，提高了光纤光栅波长计算公式的精确性，研究表明，光纤光栅的反射波长与其轴向应变、温度呈线性关系。Zhu[16]在博士论文中对光纤光栅的波长与应变关系进行了详细的实验研究后给出了波长与应变之间的转化公式：

$$\frac{\Delta\lambda_B}{\Delta\lambda_{B0}} = C_\varepsilon\varepsilon + C_T\Delta_T \tag{4-35}$$

式中：λ_{B0}——光纤光栅出厂的原始波长；

$\quad\Delta\lambda_{B0}$——光纤变化波长；

$\quad C_\varepsilon$——应变参数，本试验采用文献[16]等人研究碳纤维增强复合材料时所取的应变参数，取$C_\varepsilon = 0.783 \times 10^{-6}$；

$\quad C_T$——温度校正系数，取$C_T = 6.67 \times 10^{-6}$。

通过式(4-35)计算出 CFRP 板应变随时间变化情况，进而得出预应力 CFRP 板的预应力损失情况。P-20%-3 梁和 P-40%-3 梁的预应力 CFRP 板应变随时间变化情况如表 4-7 和表 4-8 所示。

P-20%-3 梁 CFRP 板应变随时间变化　　　　　　表 4-7

时间（d）	P-20%-3 梁		
	应变（με）	应变损失量（με）	应变损失比例（%）
0	3164	0	0
1	3150.8	13.2	0.41
3	3149.4	14.6	0.46
7	3148.2	15.8	0.49
11	3147.2	16.8	0.53
15	3145.6	18.4	0.58
24	3144.5	19.5	0.61
40	3142.6	21.4	0.67
65	3142.5	21.5	0.67
76	3142.3	21.7	0.68
85	3142.4	21.6	0.68
94	3142.6	21.4	0.67
102	3142.3	21.7	0.68

P-40%-3 梁预应力 CFRP 板应变随时间变化　　　　　　表 4-8

时间（d）	P-40%-3 梁		
	应变（με）	应变损失量（με）	应变损失比例（%）
0	6063	0	0
1	6041.1	21.9	0.36

时间（d）	P-40%-3 梁		
	应变（με）	应变损失量（με）	应变损失比例（%）
2	6035.4	27.6	0.45
5	6030.9	32.1	0.52
8	6028.7	34.3	0.56
14	6025.9	37.1	0.61
19	6025.4	37.6	0.62
24	6024.1	38.9	0.64
29	6023.2	39.8	0.65
40	6023.4	39.6	0.65
69	6022.3	40.7	0.67
80	6022.2	40.8	0.67
89	6021.9	41.1	0.68
102	6022	41	0.67

由于温度对钢梁变形影响较大，所以应该将这一部分应变从光纤光栅实测值中除去。根据课题组之前的研究成果[17]提出的 CFRP 板纵向力的计算公式，可以计算出在没有外荷载作用时钢梁温度变形引起的 CFRP 板的应变变化值。纵向力计算公式总结如下：

$$N_f = \frac{(\alpha_s - \alpha_f)\Delta T}{f_2} \tag{4-36}$$

$$f_2 = \frac{(Z_s + Z_f)Z_s}{E_s I_s} + \frac{1}{E_s A_s} + \frac{1}{E_f A_f} \tag{4-37}$$

式中：　　N_f——纵向力；

E、I 和 A——弹性模量、惯性矩和截面积。

下标 s、f 和 a——钢梁、CFRP 板和胶粘剂。

变量 Z_s 和 Z_f——中性轴到钢梁底部的距离和中性轴到 CFRP 板顶部的距离。

变量 α 和 ΔT——热膨胀系数和温度变化。

计算应变的公式为：

$$\varepsilon_f = \frac{N_f}{E_f A_f} \tag{4-38}$$

式中：ε_f——CFRP 板顶部的应变，并输入方程：

$$\Delta\varepsilon_{\text{real}} = \varepsilon - \varepsilon_f \tag{4-39}$$

式中：$\Delta\varepsilon_{\text{real}}$——实际的 CFRP 板应变损失；

ε——通过光纤光栅测量的应变。

所以 CFRP 板的实际应变损失值 = 光纤光栅实测值 − 公式计算值。表 4-9 为试件 P-20%-3 梁和 P-40%-3 梁在卸力放张后 102d 之内,光纤光栅监测的预应力 CFRP 板应变的实测值,CFRP 板纵向力公式计算得到的温度变化引起的预应力 CFRP 板应变变化值,以及 CFRP 板应变的实际损失值。试件 P-20%-3 和 P-40%-2 的实际 CFRP 板应变损失,平均结果如图 4-15 所示。由表 4-9 可以看出,CFRP 板的预应力损失主要发生在卸力放张后的 30d 以内,30d 以后,预应力基本没有损失。卸力放张 102d 后,二者预应力损失分别为 21.8με 和 42.7με,预应力损失比例分别为 0.69% 和 0.70%。从预应力 CFRP 板卸力放张到卸力放张后 102d,P-20%-3 梁和 P-40%-3 梁的总预应力损失分别为 1.60% 和 1.43%,说明平板锚具能够有效锚固预应力 CFRP 板、减少预应力损失。

P-20%-3 梁和 P-20%-3 梁预应力 CFRP 板应变损失值　　　　表 4-9

应变					
P-20%-3			P-40%-3		
实测值	计算值	实际损失值	实测值	计算值	实际损失值
−10.3	5.6	15.9	−22.9	−0.8	22.1
−1.0	16.8	17.8	−24.1	4.8	28.8
−9.4	8	17.4	−7.1	27.2	34.3
−17.2	1.6	18.8	−16.1	20.8	36.8
−34.4	−13.6	20.8	−23.6	15.2	38.7
−23.9	−3.2	20.7	−35.5	3.2	38.6
−14.9	6.4	21.3	−43.5	−3.2	40.3
−39.7	−18.4	21.3	−16.6	24.8	41.4
−68.6	−47.2	21.4	−39.7	0	39.7
−71.7	−49.6	22.1	−64.3	−22.4	41.9
−108.6	−87.2	21.4	−69.8	−28	41.8
−126.6	−104.8	21.8	−105.9	−63.2	42.7

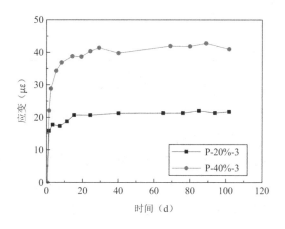

图 4-15　P-20%-3 和 P-40%-3 应变-时间曲线

4.3　预应力 CFRP 加固缺陷钢梁抗弯性能研究

本节以端锚预应力 CFRP 板加固缺陷钢梁为研究对象，设计和试验研究了预应力 CFRP 板加固缺陷钢梁的端部锚固系统，并对加固后的钢梁的预应力损失和抗弯性能进行了研究[18]。

4.3.1　试件制备

本试验共有 8 根钢梁试件，分别为 1 根未加固梁试件、1 根无端锚非预应力 CFRP 板加固钢梁试件、6 根端锚预应力 CFRP 板加固钢梁试件，如表 4-10 所示。试件共分为 4 组，第一组为缺陷钢梁试件，第二组为无端锚的非预应力 CFRP 板加固钢梁试件，第三组为带端锚的非预应力 CFRP 板加固钢梁试件，第四组试件为试验的研究重点，为不同预应力水平的端锚预应力 CFRP 板加固钢梁试件。表 4-10 中字母"A"表示缺陷钢梁，字母"AR"表示无端锚的非预应力 CFRP 板加固钢梁，字母"P"为带端锚的预应力 CFRP 板加固钢梁，f_u 表示 CFRP 板的极限抗拉强度，0、20%和 40%分别表示预应力水平（占 CFRP 板极限抗拉强度 f_u 的比例），1、2、3 表示试件序号。试验材料见 4.2.1 节。

试件主要参数　　　　　　　　　　　　　　表 4-10

组合	试件编号	加固方式	张拉控制应力
一	A	未加固	—
二	AR	无端锚非预应力 CFRP 板加固	$0f_u$
三	P-20%-1	端锚预应力 CFRP 板加固	$20\%f_u$
	P-20%-2		
	P-20%-3		
四	P-40%-1	端锚预应力 CFRP 板加固	$40\%f_u$
	P-40%-2		
	P-40%-3		

对钢梁进行表面处理。由于钢梁表面可能存在各种氧化物、锈迹、油污、吸附物以及其他杂质，而这些钢梁表面存在的杂质会直接影响粘结表面的粘结强度，钢梁在粘贴 CFRP 板加固之前有必要先对要粘贴 CFRP 板的区域表面进行预处理，清除钢梁表面的杂质。采用喷砂的方法清除钢梁表面的氧化物、锈迹等杂质，不仅可以提高钢梁表面的活性和初始粘结强度，而且粘结界面的耐久性也更好。因此，本试验在粘贴 CFRP 板加固之前，采用喷砂的方法对钢梁表面进行处理。采用 CFRP 板加固钢梁在表面预处理过后，需尽快完成加固，防止钢梁喷砂处表面发生氧化锈蚀。不同类别加固钢梁的加固过程如下：

1）不带端锚的非预应力 CFRP 板加固钢梁

（1）在实施钢梁加固操作的地方上铺设薄膜，以防弄脏实验室，将钢梁放在薄膜上，裂纹位置朝上，保持粘贴界面水平，用马克笔在待钢梁界面上进行划线，标出待加固区域。

（2）钢梁加固前，用丙酮溶液擦洗待加固钢梁与 CFRP 板表面，然后将搅拌好的粘结胶均匀地摊铺在钢梁待加固区域表面。粘贴 CFRP 板时，需从中间向四周用力挤压试件，将多余的碳板胶挤出并及时清除。试件加固完成后需采用重物加压固定试件，用尺子测量胶层厚度，并及时调整将胶层厚度控制在 1mm 左右，在室温条件下养护 24h 以上。

2）端锚非预应力 CFRP 板加固钢梁

粘贴 CFRP 板的过程与不带端锚的非预应力 CFRP 板加固钢梁的加固过程一样，在粘贴好 CFRP 板之后，平板锚具通过 10 个 8.8 级 M14 高强度螺栓将 CFRP 板锚固于试验钢梁的两端，扭紧螺栓时采用扭力扳手，保证扭矩达到 100N·m，加固后的钢梁试件如图 4-16 所示。

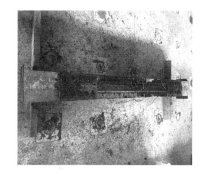

图 4-16 端锚非预应力 CFRP 板加固钢梁试件

3）端锚预应力 CFRP 板加固钢梁

端锚预应力 CFRP 板加固钢梁的加固过程见 4.2.3 小节。

4.3.2 加固梁抗弯加载试验

CFRP 加固缺陷钢梁抗弯加载试验的试验装置和加载控制示意图如图 4-17 所示。试验在 200t 压力试验机上开展，通过分配梁对试验钢梁进行四点弯曲加载。当试件的承载能力明显下降或者 CFRP 板发生剥离破坏时，停止加载。加载过程中，通过 TDS-530 静态数据采集仪采集应变，采用佳能 5D-Ⅱ相机监测钢梁跨中腹板裂纹的变化情况，利用遥控器设定相机每隔 1s 拍摄一张照片。

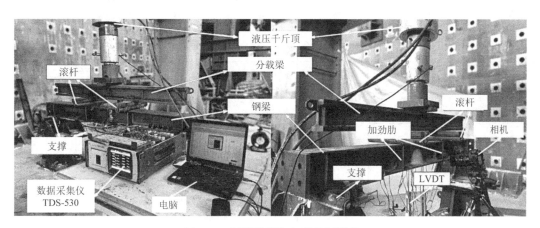

图 4-17 试验装置和加载控制设备

4.3.3 试验现象及分析

1. CFRP 板的承载力和利用率

通过四点弯曲试验，可以得到 CFRP 预应力水平对加固梁力学性能的影响。表 4-11 总结了试件的承载力，因为分配梁的自重与荷载相比较小，所以表中的荷载不包括这部分荷载。当腹板上的缺口开始扩展时，连接在钢梁缺口尖端的应变片将失效。腹板开裂时的荷载定义为腹板开裂荷载，而极限荷载是指试件无法承受荷载时的荷载。如图 4-18 所示，预应力 CFRP 板加固梁达到极限荷载时的挠度更大，尤其是在 20% 的预应力水平下。非预应力 CFRP 加固梁（AR）的挠度小于未加固梁（A），这意味着由剥离引起的脆性断裂减小了延性[17]。无端锚和带端锚非预应力 CFRP 板加固方式可以提高缺陷钢梁的极限承载力和刚度，但对延性没有实质性的修复。预应力 CFRP 加固由于能阻止剥离破坏，可以显著提高试件的延性，但是预应力水平和延性增加之间没有明确的关系，在施加一定预应力后，延性增强幅度会减小。腹板开裂荷载和极限荷载如图 4-19 所示，CFRP 加固后，腹板的开裂荷载和极限荷载都有所增加。预应力 CFRP 板加固方式比非预应力 CFRP 板加固方式能够更好地抑制裂纹开展。与非预应力 CFRP 板加固梁相比，20% 和 40% 预应力水平加固梁的开裂荷载分别提高了 31.9% 和 49.9%。端锚预应力 CFRP 板加固方式可以更加有效地提高缺陷钢梁的极限承载力和延性，但对刚度提高不明显。与端锚非预应力加固试件相比，20% 和 40% 预应力水平加固试件的极限承载力可分别提高 27.5% 和 52.3%，预应力水平越高，加固梁的力学性能提升幅度越明显，40% 预应力水平加固梁力学性能最佳。这些试验结果对进一步的预应力加固优化和模型验证至关重要。

试件承载力对比 表 4-11

试件编号	腹板裂纹开裂荷载（kN）	平均值（kN）	标准差（kN）	极限荷载（kN）	平均值（kN）	标准差（kN）
A	75.2	75.2	—	123.04	123.04	—
AR	140.09	140.09	—	199.21	199.21	—
P-20%-1	189.71			255.91		
P-20%-2	186.69	184.88	4.86	260.43	254.11	6.03
P-20%-3	178.23			245.99		
P-40%-1	215.34			275.51		
P-40%-2	196.94	210.1	9.37	316.68	303.45	24.21
P-40%-3	218.01			318.17		

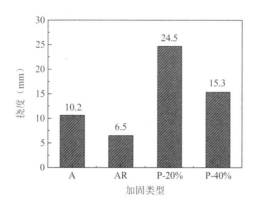

图 4-18　极限挠度对比

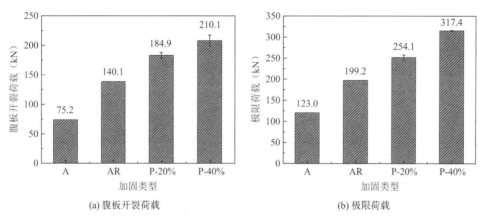

(a) 腹板开裂荷载　　　　　　　　　　(b) 极限荷载

图 4-19　试件承载力

相比 CFRP 可能会发生过早剥离失效导致利用率较低，采用预应力 CFRP 加固方法的一个优点是可以显著提高 CFRP 板的利用率。表 4-12 记录了腹板开裂和极限荷载下的应变，并分析了其相应的材料利用率。张拉应力释放后的应变被视为初始应变，而 CFRP 板在腹板开裂和极限荷载中跨处的应变分别被视为开裂荷载和极限荷载下的应变。预应力水平越高，开裂荷载下的应变和 CFRP 的利用率越高。在不对 CFRP 板进行预应力张拉的情况下，CFRP 的利用率相当低（低于 50%），这意味着 CFRP 板优异的力学性能并没有得到充分利用。在施加 20% 的预应力后，在腹板开裂荷载和极限荷载下，CFRP 的平均利用率（CFRP 板的拉伸应力与拉伸强度的比值）分别为 54.1% 和 75.1%。当 CFRP 板的预应力水平为 40% 时，利用率分别提高到 78.2% 和 88.5%。试件破坏时，与端锚非预应力 CFRP 板加固试件相比，20% 和 40% 预应力水平的加固试件的跨中 CFRP 板极限利用率可分别提高 25.6% 和 39%。

CFRP 板利用率对比　　　　　　　　　　表 4-12

试件编号	初始应变（$\mu\varepsilon$）	裂纹开展时应力（MPa）	裂纹开展时应变（$\mu\varepsilon$）	利用率（%）	极限荷载应力（MPa）	极限荷载应变（$\mu\varepsilon$）	利用率（%）
AR	0	679	3917	27.3%	1199	7003	48.8%
P20%-1	3080	1293	4483	52.7%	1813	7523	74.0%

103

试件编号	初始应变 （με）	裂纹开展时应力 （MPa）	裂纹开展时应变 （με）	利用率 （%）	极限荷载应力 （MPa）	极限荷载应变 （με）	利用率 （%）
P20%-2	3201	1367	4794	55.8%	1965	8288	80.1%
P20%-3	3164	1318	4542	53.7%	1748	7060	71.3%
P40%-1	6156	1964	5328	80.1%	2133	6317	87.1%
P40%-2	6164	1879	4823	76.6%	2221	6824	90.6%
P40%-3	6063	1909	5102	77.9%	2153	6528	87.8%

2. 预应力对加固梁抗弯性能的影响

根据试验结果，获得了试件跨中的荷载-挠度和荷载-应变曲线（图 4-20）。是否采用 CFRP 板外黏加固以及对 CFRP 板是否施加预应力均对加固梁抗弯性能有很大影响。如图 4-20（a）所示，在荷载达到 60kN 之前，梁 A 的挠度随荷载缓慢增加。之后，挠度增加速度明显加快；当荷载达到 123.05kN 时，荷载开始减小，当挠度为 13.66mm 时腹板缺口开裂，试件破坏。然而，用非预应力 CFRP 板外黏加固梁 AR 具有更高的承载能力和更长的弹性阶段，当荷载达到 175kN 时，挠度开始快速增加；当荷载达到 199kN 时，CFRP 从跨中开始剥离；荷载降至 125kN，剥离区域向 CFRP 板端部扩展；之后，由于只有钢梁承担荷载，梁 AR 的荷载-挠度曲线和梁 A 的荷载-挠曲曲线一致。结果表明，如果采用更高预应力水平的碳纤维板加固钢梁，可以延长钢梁的弹性阶段。此外，由于采用预应力 CFRP 板加固，加固梁的剥离起始时间也会被延迟。

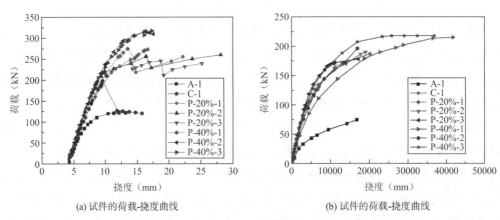

(a) 试件的荷载-挠度曲线　　　　　　　(b) 试件的荷载-挠度曲线

图 4-20　试验结果

缺陷尖端处的应变随着荷载而发展，并由应变片 G7 记录，缺陷梁和 CFRP 加固梁的对比结果如图 4-20（b）所示。在相同的荷载水平下，CFRP 板加固后的缺陷梁应变值大幅降低，这意味着 CFRP 板粘结加固后能产生有效的约束效应，限制了跨中缺口的开裂和扩展。然而，随着预应力水平的提升，尽管最大应变显著增加，但同荷载水平下的应变并没有进一步明显降低。

作者前期研究结果表明[17]，随着荷载的增加，钢梁缺口附近的胶粘剂因界面应力集中而发生塑性变形，进而发生界面剥离并从缺陷向板端传播。剥离后，CFRP 板上的应变将发生较大变化，通过粘贴在 CFRP 板上的应变片即可以监测加固缺口梁的剥离过程。典型试件（梁 AR、P-20%-1 和 P-40%-3）的荷载-应变关系如图 4-21 所示。

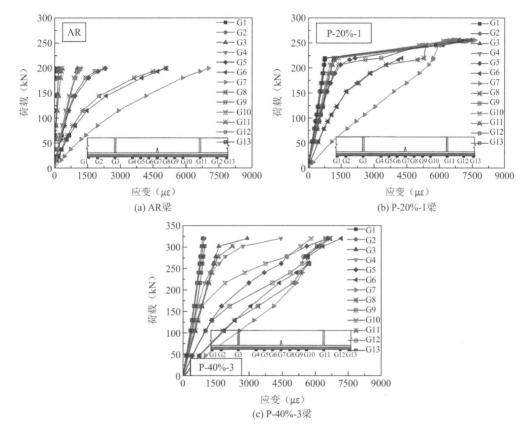

(a) AR梁　　　　　　　　　　　　(b) P-20%-1梁

(c) P-40%-3梁

图 4-21　不同位置荷载-应变曲线

在缺口位置 G7 的应变发展之后，其他位置的应变也随之加速发展。距离 G7 越近，该应变的增长速度就越快。对于非预应力加固试件（AR），由于没有端锚系统或预应力的抑制作用，CFRP 板剥离发展非常迅速。随着预应力水平的提高，剥离过程发展变得缓慢，而不是突然发生剥离破坏。这一现象表明，预应力可以缓解裂纹尖端胶粘剂的应力集中，这与之前的理论研究结果[17]一致。由于端部锚固系统的存在，CFRP 剥离后荷载仍会持续增加，有效保障应力的传递，显著提升构件的承载能力。

CFRP 板在不同水平荷载作用下的纵向应变分布如图 4-22 所示。在同等荷载水平下，预应力 CFRP 板的应变从跨中向 CFRP 板端减小，缺陷处应力集中现象明显，而加载时很难直接观察到剥离现象。当剪应力（距离跨中 12.5mm）变得很小时，相应的荷载被视为剥离荷载[19]。达到剥离荷载后，最大应变区从跨中向预应力 CFRP 板两侧扩展，如图 4-22（b）、（c）所示。试件 P-20%-1 在极限荷载下的应变沿粘结线基本不变，这意味着 CFRP 板已经完全剥离。同时，试件 P40%-3 在极限荷载下的右端应变值始终较低，这意味着在缺陷周围首先开始剥离并逐渐传播到 CFRP 板端，对于预应力水平较高的试件，剥离过程更具韧性。此外，如图 4-18 所示，预应力 CFRP 加固梁中远离缺陷位置的应变普遍高于非预应力 CFRP 加固梁（AR），表明 CFRP 在预应力加固情况下的利用率更高。

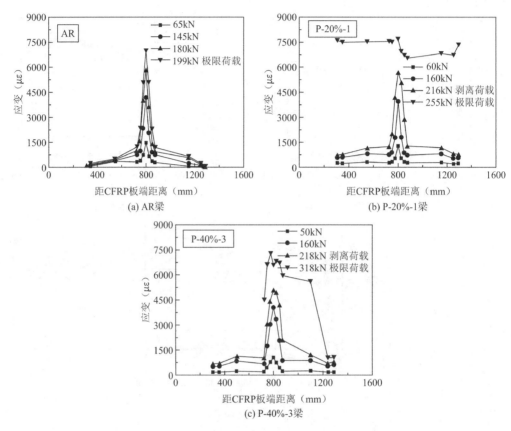

图 4-22　不同荷载作用下 CFRP 应变分布

3. 破坏模式

采用与数据记录仪（TDS-530）相同频率（1Hz）的相机拍摄试件的破坏模式。借助照片和荷载信息，可以观察到各荷载水平下的腹板缺口扩展和 CFRP 剥离过程，几个典型试件的破坏模式见图 4-23，试件 P-20%-2 和 P40%-3 的缺口发展和破坏情况见图 4-24。所有试件在弹性阶段均无明显差异，进入塑性阶段后，未进行 CFRP 加固的梁 A 由于应力集中，缺口宽度快速变大。一旦达到极限荷载，腹板处的裂缝就会随着一声巨响迅速向上侧扩展，然后荷载突然下降，钢梁不再承担荷载。对于 CFRP 加固梁 AR，当荷载达到 143kN 时，由于缺口尖端的塑性变形较大，应变片不再继续工作。随着荷载的增加，腹板处的缺口宽度逐渐增大，粘结层剥离区域从跨中向 CFRP 板端传播。当荷载达到极限荷载（199kN）时，CFRP 板突然从跨中剥离，荷载随之降至 125kN，腹板处的缺陷尖端裂纹迅速开展，剥离扩展到 CFRP 板端。

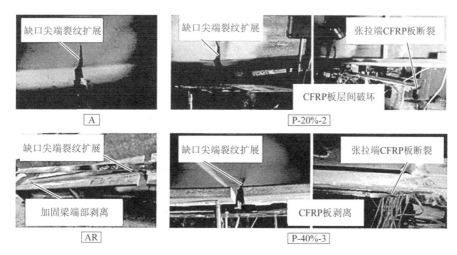

图 4-23　加固梁破坏图

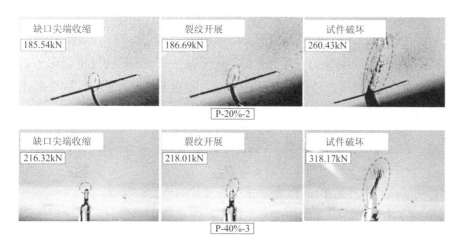

图 4-24　P-20%-2 和 P-40%-3 的缺陷生长过程

　　然而，对于预应力 CFRP 板加固试件，不仅观察到了 CFRP 板剥离和分层，还出现了 CFRP 板端部断裂，试件 P-40%-3 甚至发生了 CFRP 板崩裂的现象。对于试件 P-20%-2 和 P-40%-3，分别记录了不同阶段缺口随荷载扩展的现象：缺口尖端收缩、裂纹发展和试件破坏（图 4-24）。不同试件裂纹发展的现象类似，但每个阶段的荷载不同。通过对比可知，CFRP 板的预应力水平越高，对缺陷扩展的抑制效果越好。

　　因此，平板锚具可以对 CFRP 板端部进行有效锚固，防止 CFRP 板剥离破坏。通过分析不同位置的荷载-应变曲线、不同荷载下的 CFRP 板应变分布图以及裂纹发展规律和破坏模式可知，预应力 CFRP 板加固钢梁破坏的主要原因是其腹板裂纹尖端应力集中，导致跨中界面首先产生裂纹和界面粘结层剥离，随后界面剥离区域向 CFRP 板端部扩展，由于平板锚的锚固作用，最终 CFRP 板在接近平板锚具处拉断。与此同时，固定端 CFRP 板在张拉端 CFRP 板拉断的同时发生 15～25mm 左右的滑移，这是因为 CFRP 板拉断时产生较大的动能，导致另一侧的胶层被震动掀开，固定端的 CFRP 板因能量释放发生滑移。非预应力加固试件的破坏模式为 CFRP 板从端部锚具中滑移破坏，而预应力加固试件则出现了 CFRP 板从端部锚具中滑移和 CFRP 板断裂混合破坏的新模式，表明预应力加固后 CFRP 的强度利用率得到了进一步的提升。

4. CFRP 板纵向应变验证

验证 CFRP 板纵向应变，主要是对加固梁在胶层开裂前后 CFRP 纵向应变的理论计算值和试验值进行比较。其中 CFRP 纵向应变的试验值ε_f通过粘贴在 CFRP 板表面的应变片测得，理论计算值通过课题组前期研究推导出的 CFRP 板纵向力的计算公式[17]换算得出，计算公式如式(4-40)和式(4-41)所示。

$$N_f = c_1 e^{-\lambda x} + c_2 e^{\lambda x} + \frac{\Delta\varepsilon_{sf}}{f_2} \tag{4-40}$$

$$\varepsilon_f = \frac{N_f}{E_f A_f} \tag{4-41}$$

由于试验条件所限，无法如文献[20]那样通过相机监拍得到胶层的开裂荷载，但是由于 CFRP 板表面粘贴应变片可以很好地监测加固梁粘结层的局部变形，只要 CFRP 板表面应变能够保持稳定，不进入剪应力开始衰退的下降阶段，该加固结构就不会发生 CFRP 板剥离破坏[21]，文献[22]提供了一种通过张贴在 CFRP 板表面应变片测得的应变来计算加固钢梁界面剪应力的计算公式：

$$\tau_{i+0.5} = \frac{\tau_i - \tau_{i+1}}{L_{i+1} - L_i} E_p t_p \tag{4-42}$$

式中：$\tau_{i+0.5}$——两个应变片中间位置的剪应力；

ε_i和ε_{i+1}——从跨中开始第i个和第$i+1$个应变片的应变；

L_i和L_{i+1}——第i个和第$i+1$个应变片离跨中的距离。

E_p和t_p——CFRP 板的弹性模量和厚度。

本次试验跨中和从跨中开始第一个应变片间隔 25mm，通过公式(4-42)可以计算出跨中应变片和从跨中开始第一个应变片中间位置（离跨中 12.5mm）的剪应力，非预应力和预应力加固试件界面剪应力如图 4-25 所示。

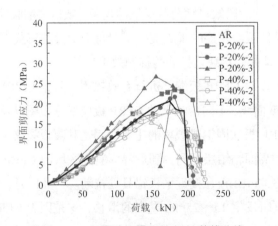

图 4-25　加固试件界面剪应力-荷载曲线

文献[23]中提出，当界面剪应力明显下降至最小值时，可认为此时 CFRP 板开始剥离。取界面剪应力最小时对应的荷载作为本试验 CFRP 板剥离荷载。加固试件 CFRP 板剥离荷载如表 4-13 所示。

加固试件剥离荷载　　　　　　　　　　　表 4-13

试件编号	最小剪应力（MPa）	CFRP 板剥离荷载（kN）
AR	1.11	199.21
P-20%-1	5.83	216.5
P-20%-2	0.14	207.1
P-20%-3	4.23	178.2
P-40%-1	2.83	220.9
P-40%-2	0.96	222.8
P-40%-3	2.99	218.0

分别将预应力加固梁外加 160kN 和开裂荷载时由应变片记录的 CFRP 板纵向应变分布与由公式(4-41)计算的 CFRP 板应变理论计算值进行对比，如图 4-26～图 4-31 所示。从图中可以看出，试验测得的结果和理论分析算出的结果在 160kN 时吻合较好，但当荷载达到剥离荷载时，由于胶层开裂，CFRP 板开始剥离，界面边界条件发生变化，导致 CFRP 板纵向应力重分布，靠近裂纹位置处试验测得的应变与理论计算相比明显偏大。并且由于在进行理论计算时忽略了 CFRP 板的弯曲变形，在靠近跨中裂纹位置处其试验测得的应变值要略大于理论计算值，越靠近跨中裂纹位置，试验结果记录的 CFRP 板底应变越大于理论计算的结果。

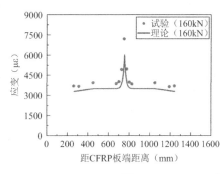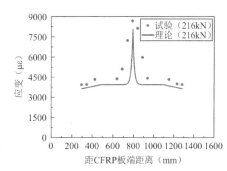

图 4-26　P-20%-1 梁 CFRP 板应变分布图

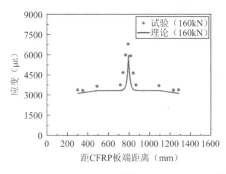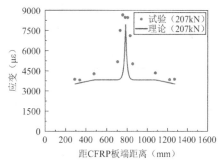

图 4-27　P-20%-2 梁 CFRP 板应变分布图

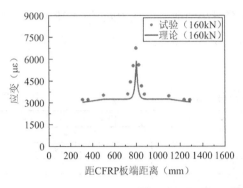
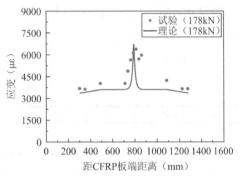

图 4-28　P-20%-3 梁 CFRP 板应变分布图

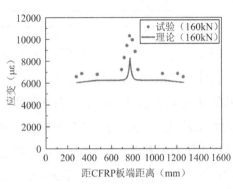
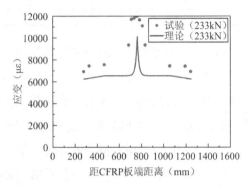

图 4-29　P-40%-1 梁 CFRP 板应变分布图

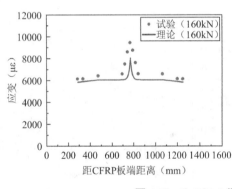
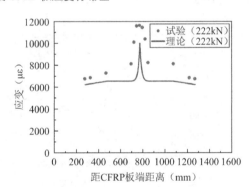

图 4-30　P-40%-2 梁 CFRP 板应变分布图

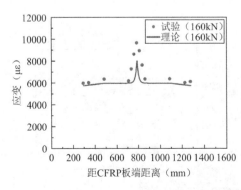
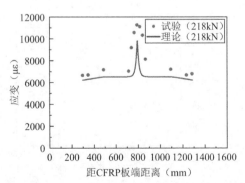

图 4-31　P-40%-3 梁 CFRP 板应变分布图

5. 界面应力计算

通过对 CFRP 板加固缺陷钢梁的界面应力进行理论研究，得到了包括界面最大正应力、最大剪应力以及最大主应力的计算公式：

$$\tau_{\max} = -\frac{1}{b}\lambda c + \frac{Z_s}{bf_2E_sI_s}V(0) \tag{4-43}$$

$$\sigma_{\max} = \left(\beta - \frac{\lambda}{2}\right)\frac{t_f\lambda}{b}c - \frac{\beta t_f Z_s}{bf_2E_sI_s}V(0) \tag{4-44}$$

$$\sigma_{\max} = -\frac{\sigma_{\max}}{2} + \sqrt{\left(\frac{\sigma_{\max}}{2}\right)^2 + \tau_{\max}^2} \tag{4-45}$$

将所有预应力加固试件的开裂荷载代入公式(4-43)、式(4-44)，求出最大界面剪应力与最大界面正应力，再将求出的最大界面剪应力与最大界面正应力代入公式(4-45)可求出最大界面主应力。由于试件 P-0%梁 CFRP 板过早出现剥离现象，界面应力值不准确，所以不予考虑。如表 4-14 所示，采用文献[20]中的界面应力理论公式，计算出试件 AR 梁、预应力加固梁在 CFRP 板初始剥离处的平均最大界面主应力为 58.9MPa，与文献[20]中的试件 AR-1 梁、AR-2 梁、AR-3 梁的平均最大界面主应力比较可知，平均最大界面主应力偏差 22%，这与两次试验所用碳板胶不同有关。

最大界面主应力计算表　　　　　　　　　　　　　　　　　表 4-14

试件编号	开裂荷载（kN）	最大界面剪应力（MPa）	最大界面正应力（MPa）	最大界面主应力（MPa）	平均值（MPa）
AR	199.21	60.8	12.4	67.3	
P-20%-1	216.5	55.8	11.4	61.8	
P-20%-2	207.1	52.9	10.8	58.6	
P-20%-3	178.2	44.1	8.9	48.8	58.9
P-40%-1	233.7	50.8	10.3	56.2	
P-40%-2	222.8	47.4	9.6	52.5	
P-40%-3	218.0	45.9	9.3	50.9	
文献[22]	32.5	63.1	43.3	45.1	
	34.4	65.2	44.1	46.8	48.3
	38.7	74.1	50.5	53.0	

4.4　小结

本章针对预应力 CFRP 加固缺陷钢梁的抗弯性能开展研究，主要研究结果如下：

（1）提出了一种适用于钢梁、组合梁等结构的简单闭式解和非线性有限元（FE）分析方法，用以计算加固后组合梁的抗弯强度。通过分别对采用预应力 FRP 技术和梁反拱预应力技术施加预应力的 CFRP 板加固钢梁（或混凝土-钢组合梁）进行受力分析，推导了计算加固钢梁弹性抗弯承载力及所需 CFRP 截面面积的计算公式。

（2）研发了新型的预应力 CFRP 板锚固装置和加固钢梁方法，明确了 CFRP 板预应力施加过程、CFRP 板卸力放张瞬时以及中长期 CFRP 预应力损失变化情况。研究发现，CFRP 板的预应力损失主要发生在卸力放张后的 30d 以内，平板锚具能够有效锚固预应力 CFRP 板，减少 CFRP 板的预应力损失。

（3）开展了端锚预应力 CFRP 板加固带缺陷钢梁抗弯性能试验研究。研究发现：预应力 CFRP 板加固方式比非预应力 CFRP 板加固方式能够更好地抑制裂纹开展，由于平板锚可以对 CFRP 板端部进行有效锚固，防止 CFRP 板剥离破坏，预应力加固试件出现了 CFRP 板从端部锚具中滑出和 CFRP 板断裂混合破坏这种新破坏模式，带端锚预应力 CFRP 板加固方式可以进一步有效提高 CFRP 板的强度利用率。

参考文献

[1] HOLLAWAY L C, CADEI J. Progress in the technique of upgrading metallic structures with advanced polymer composites[J]. Progress in Structural Engineering and Materials, 2002, 4(2): 131-148.

[2] DENG J, LEE M M K, MOY S S J. Stress analysis of steel beams reinforced with a bonded CFRP plate[J]. Composite Structures, 2004, 65(2): 205-215.

[3] DENG J, LEE M M K. Behaviour under static loading of metallic beams reinforced with a bonded CFRP plate[J]. Composite Structures, 2007, 78(2): 232-242.

[4] MATTOCK A H. Flexural strength of prestressed concrete sections by programmable calculator[J]. PCI Journal, 1979, 24(1): 32-54.

[5] DENG J, LEE M M K, LI S. Flexural strength of steel-concrete composite beams reinforced with a prestressed CFRP plate[J]. Construction and Building Materials, 2011, 25(1): 379-384.

[6] 邓军, 黄培彦. 预应力 CFRP 板加固钢梁的承载力及预应力损失分析[J]. 铁道建筑, 2007(10): 4-7.

[7] TAVAKKOLIZADEH M, SAADATMANESH H. Fatigue strength of steel girders strengthened with carbon fiber reinforced polymer patch[J]. Journal of Structural Engineering, 2003, 129(2): 186-196.

[8] NIE J, TIAN C. Moment resistance of composite beam at ultimate limit state considering shear-lag effect[J]. China Civil Engineering Journal, 2005, 26(4): 16-22.

[9] HMIDAN A, KIM Y J, YAZDANI S. Correction factors for stress intensity of CFRP-strengthened wide-flange steel beams with various crack configurations[J]. Construction & Building Materials, 2014, 70: 522-530.

[10] 全国钢标准化技术委员会. 钢及钢产品力学性能试验取样位置及试件制备: GB/T 2975—1998[S]. 北京: 中国标准出版社, 1998.

[11] 中华人民共和国住房和城乡建设部. 钢结构设计标准: GB 50017—2017[S]. 北京: 中国建筑工业出版社, 2017.

[12] 中华人民共和国住房和城乡建设部. 工程结构加固材料安全性鉴定技术规范: GB 50728—2011[S]. 北京: 中国建筑工业出版社. 2011.

[13] 孙丽. 光纤光栅传感技术与工程应用研究[D]. 大连: 大连理工大学, 2006.

[14] WANG W, DAI J, HARRIES K A, et al. Prestress losses and flexural behavior of reinforced concrete beams strengthened with posttensioned CFRP sheets[J]. Journal of Composites for Construction, 2012, 16(2): 207-216.

[15] OTHONOS A, KALLI K, KOHNKE G E. Fiber bragg gratings: fundamentals and applications in telecommunications and sensing[M]. Artech House, 1999.

[16] ZHU H. Fiber optic monitoring and performance evaluation of geotechnical structures[D]. Hong Kong: the Hong Kong Polytechnic University, 2009.

[17] DENG J, JIA Y, ZHENG H. Theoretical and experimental study on notched steel beams strengthened with CFRP plate[J]. Composite Structures, 2016, 136: 450-459.

[18] 贾永辉. 预应力 CFRP 板加固带缺陷钢梁抗弯性能试验研究[D]. 广州: 广东工业大学, 2017.

[19] GHAFOORI E, MOTAVALLI M. Flexural and interfacial behavior of metallic beams strengthened by prestressed bonded plates[J]. Composite Structures, 2013, 101: 22-34.

[20] 郑恒重. CFRP 板加固受拉端缺陷钢梁在过载损伤条件下承载能力研究[D]. 广州: 广东工业大学, 2015.

[21] 邓军, 黄培彦. CFRP 板与钢梁粘接的疲劳性能研究[J]. 土木工程学报, 2008, 41(5): 14-18.

[22] GHAFOORI E, SCHUMACHER A, MOTAVALLI M. Fatigue behavior of notched steel beams reinforced with bonded CFRP plates: Determination of prestressing level for crack arrest[J]. Engineering Structures, 2012, 45(15): 270-283.

[23] 邓军, 黄培彦. CFRP 板与钢梁粘结剥离破坏的试验研究[J]. 建筑结构学报, 2007(5): 124-129.

第 **5** 章

CFRP 加固钢构件耐久性能

上一章介绍了预应力 CFRP 加固缺陷钢梁技术及承载力和预应力损失的计算方法，为了保障加固结构的长期服役，本章将进一步研究 CFRP 加固钢构件的耐久性能，介绍耐久性干湿循环与过载疲劳损伤试验方法的实现，通过对钢与 CFRP 板搭接接头试件的拉伸试验，研究干湿循环和过载疲劳损伤耦合作用下钢与 CFRP 粘结界面的荷载-应变曲线、拉伸承载力、破坏模式和界面应力分布。最后在前述研究的基础上，在构件层次研究干湿循环与过载疲劳损伤后的 CFRP 加固缺陷钢梁承载力退化规律与破坏模式。

5.1 试验方法的实现

5.1.1 耐久性干湿循环试验系统

试验采用的湿热加速腐蚀系统为大型耐久性干湿循环试验系统，试验系统主要由控制台、水泵、蓄水箱、试件箱和吊车梁五部分组成，如图 5-1 所示。研究选择广东地区气候情况作为试验系统温湿度的参考，根据广东省气象局统计资料，广州市全年最高温度在 7 月份，平均最高温度可达 35℃，考虑到室外自然暴露环境下温度更高，试验系统选择的温度变化范围为 25～40℃。

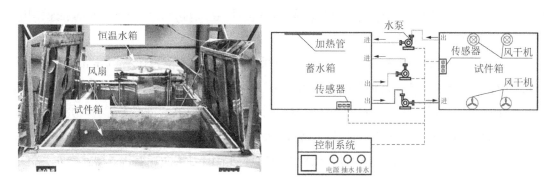

图 5-1　干湿循环试验系统

干湿循环系统的工作原理是模拟海洋环境腐蚀的影响，试件箱内溶液是浓度为 3.5%的 NaCl，以 24h 为一个干湿循环周期，其中水泡环境 10h，温度为 40℃，风干环境 14h，温度为 25℃，温度的控制精度为±1℃，具体温度和水位变化曲线如图 5-2 所示。

一个干湿循环周期分为三个工作阶段，由控制台程序控制。阶段一为自循环过程，蓄水箱内加热系统启动，自循环水泵开启，溶液在蓄水箱内加热并自循环流动；阶段二为干湿循环过程，启动抽水泵将溶液从蓄水箱吸入试件箱，直至试件箱内的液面达到预设的控制水位线；阶段三为抽水风干过程，排水泵开启把溶液排进蓄水箱，试件箱风干机转动对试件进行风干处理。

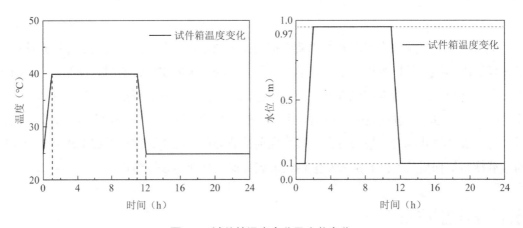

图 5-2　试件箱温度变化及水位变化

5.1.2　过载疲劳损伤处理

过载疲劳试验采用的加载仪为 500kN 高频疲劳试验机（长春实验机研究所，MTS 控制器），相关试验参数确定过程如下：

1. 搭接接头的过载损伤处理

作者前期研究混凝土桥梁超载疲劳损伤时，为获得车辆荷载谱，在广州绕城高速公路的一个简支钢筋混凝土 T 形梁上安装了一个动态称重系统[1]，根据《中国车辆超载控制实施方案》，以间隔超载率记录车辆数量。实测结果表明，超载对疲劳损伤有明显的加速作用。因此，本研究采用 300 次过载疲劳循环。

为了获得 I 型试件的极限荷载 P_{max}，试件采用位移控制速率为 0.2mm/min 的静载方式进行试验，确定了过载损伤循环的最大荷载和最小荷载。过载损伤通过重复的低频加载进行，加载过程采用力控制，加载频率为 0.1Hz。针对疲劳荷载范围进行了试验研究。结果表明：当荷载范围为$(0.1\sim0.8)P_{max}$时，试件在 49 次加载循环后破坏。然而试件在$(0.1\sim0.6)P_{max}$的疲劳荷载范围内进行疲劳试验时，试件没有出现明显的力学性能退化。因此，作为折中方案，荷载范围选择为$(0.1\sim0.7)P_{max}$。

综上，过载损伤搭接接头的处理步骤如下：

（1）采用力控制，对试件进行预加载至 7kN，使得加载头与分配梁充分接触。

（2）继续采用力控制，加载速度为 0.5kN/s，以 5kN 为一级，分级加载到损伤循环加载下限 0.1P_{max}，停止并保持 3min。

（3）由静态加载转换为动态加载，加载上限为 0.7P_{max}，循环加载 300 次。

2. 试验梁过载损伤处理

试验梁根据广东环城高速公路车辆荷载谱[1]进行过载损伤试验，车辆荷载谱是变幅谱，需要转化成等幅荷载谱。文献[2]参照美国公路桥梁设计规范，仅以超载率大于 100%～300% 荷载谱为研究对象，根据 S-N 曲线理论，计算出梁总损伤，再结合 Miner 线性损伤累计理论，计算出指定应力幅下疲劳损伤次数。文献[3]针对混凝土 T 形梁拟合出的 S-N 曲线方程如下：

$$\log N = 12.9047 - 3.2402 \log \Delta\sigma \tag{5-1}$$

式中：$\Delta\sigma$——应力幅；

N——疲劳寿命。

按超载率统计疲劳损伤量　　　　表 5-1

超载率	钢筋应力（MPa）	应力幅（MPa）	疲劳寿命N（万次）	疲劳次数n（次）	损伤量D（×10⁻⁴）
100%～110%	173.7	113.4	168	167	1.0
110%～120%	179.3	119.0	151	110	0.7
120%～130%	185.0	124.7	128	80	0.6
130%～140%	190.7	130.4	113	56	0.5
140%～150%	196.3	136.0	98	42	0.4
150%～200%	202.0	141.7	85	79	0.9
200%～250%	230.4	170.1	47	16	0.3
250%～300%	258.7	198.4	29	2	0.1

构件在应力水平S_i作用下，经受n_i次循环的损伤为D_i。若在k级应力水平作用下，各经受n_i次循环，则可定义其总损伤为：

$$D = \sum_{i=1}^{k} D_i = \sum_{i=1}^{k} \frac{n_i}{N_i} \tag{5-2}$$

其疲劳极限值对应的荷载约为静载作用承载力的 30%，其界面最大主应力为 23.8MPa。定义疲劳极限值对应的荷载为车辆超载率 100%，其超载超过 100% 的车辆均按插值方法进行换算可得其处在该区间的超载车辆对应的荷载与最大界面主应力强度。结合文献[2]，换算后可得广州北环高速车辆损伤计算表 5-2。

车辆超载损伤计算表 表 5-2

超载率	荷载 （kN）	界面最大主应力 （MPa）	无裂纹寿命疲劳极限 （万次）	疲劳次数 （次）	损伤量 D_i （×10⁻⁴）
100%～110%	$0.3P_{开裂}$	23.8	50.6	167	3.3
110%～120%	$0.31P_{开裂}$	24.8	38.3	110	2.9
120%～130%	$0.33P_{开裂}$	25.9	28.9	80	2.8
130%～140%	$0.34P_{开裂}$	27.1	21.8	56	2.6
140%～150%	$0.36P_{开裂}$	28.3	16.5	42	2.5
150%～200%	$0.37P_{开裂}$	29.5	12.4	79	6.4
200%～250%	$0.45P_{开裂}$	35.4	3.0	16	5.3
250%～300%	$0.52P_{开裂}$	41.3	0.7	2	2.7

注：表中 $P_{开裂}$ 为静载试验下钢梁胶层开裂时的荷载，文献[3]的开裂承载能力与极限承载力相同。

由 Miner 线性累计损伤原理可以折算出 k 级应力幅的荷载对应于指定某一特定应力幅值时的等效损伤次数。

$$D = \sum_{i=1}^{k} D_i = \sum_{i=1}^{k} \frac{n_i}{N_i} = \frac{n_1}{N_1} + \frac{n_2}{N_2} + \cdots + \frac{n_k}{N_k} \tag{5-3}$$

由上可以算出加固钢梁在超载荷载谱下一年的损伤量为 28.5，并换算出指定最大界面主应力下达到相同损伤量的疲劳次数。试验损伤按 $0.5P_{开裂}$（$\sigma = 39.31\text{MPa}$）的损伤进行换算，代入式(5-1)，解得 $N = 1.187$ 万次，代入式(5-3)得：

$$n = D \times N = 380 \text{ 次} \tag{5-4}$$

过载损伤加载为 400 次，加载频率选用 0.1Hz，荷载范围为 $(0.1 \sim 0.5)P_{开裂}$。

综上，过载损伤梁处理步骤如下：

（1）采用力控制加载模式，对试件进行预加载至 7kN，使得加载头与分配梁充分接触。

（2）继续以力控制加载，加载速度为 0.5kN/s，5kN 为一级，分级加载至损伤循环加载下限 $0.1P_{开裂}$，停止加载并保持 3min。

（3）由静态加载转换为动态加载，加载上限为 $0.5P_{开裂}$，循环加载 400 次。

5.2 湿热环境下过载疲劳损伤钢和 CFRP 板搭接接头耐久性研究

CFRP 加固钢结构的薄弱环节是钢与 CFRP 板的粘结层，经常受超载车辆疲劳损伤和湿热环境的影响，钢与 CFRP 板的粘结性能会逐渐发生退化。国内外虽然对 CFRP 加固钢结构的疲劳性能和裂纹（包括钢结构裂纹和界面裂纹）扩展规律进行了初步研究，但过载疲劳损伤和湿热环境这两个因素对 CFRP 加固钢结构粘结界面的影响研究仍有所不足，而且已有的粘结界面应力理论计算公式还不完善，只考虑了荷载一种工况，温度的工况没有进行考虑。为了进一步准确地分析 CFRP 加固钢结构粘结界面的应力，探讨过载疲劳损伤和湿热环境对粘结界面的影响，本节将通过拉伸试验明确 CFRP/钢板搭接接头在过载疲劳损伤、干湿循环及其组合效应下的力学性能。材料参数、试件制备、过载疲劳损伤处理、环境暴露和力学试验步骤分述如下。

5.2.1　试验概况

（1）材料参数

试件由三部分组成：钢板、碳纤维板和胶粘剂。使用 DDL100 电子万能试验机在室温（约 25℃）下对各种材料进行拉伸试验以获得材料力学性能，如图 5-3 所示。

钢板采用厚度为 5mm、宽度为 50mm 的 Q235 钢。根据标准《钢及钢产品　力学性能试验取样位置及试样制备》GB/T 2975—1998[4]对两个标准试件进行试验（图 5-3a），试验得到钢板的平均弹性模量为 192.7GPa，平均屈服强度和拉伸强度分别为 305MPa 和 436.5MPa。

CFRP 板的宽度为 50mm，厚度为 1.4mm。为了获得实际的材料性能，根据标准《定向纤维增强聚合物基复合材料拉伸性能试验方法》GB/T 3354—2014[5]对 CFRP 板的力学性能进行了测试（图 5-3b），得到 CFRP 板平均抗拉强度为 985.6MPa，平均弹性模量为 128GPa。

胶粘剂采用环氧树脂胶，包含两组分，其混合比例为 3∶1。根据厂家提供的数据，胶粘剂在约 25℃时的剪切强度为 17.2MPa。根据标准《树脂浇铸体性能试验方法总则》GB/T 2567—1995[6]对三个标准试件进行了试验（图 5-3c），得到平均弹性模量为 8.6GPa，平均抗拉强度为 26.3MPa。

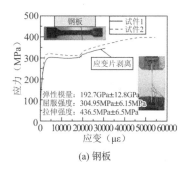

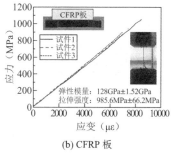

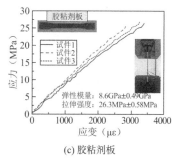

(a) 钢板	(b) CFRP 板	(c) 胶粘剂板

图 5-3　材性试件和试验结果

（2）试件准备

本研究共制备了 12 个 CFRP/钢板搭接接头试件。试件的主要参数如表 5-3 所示，试验流程如图 5-4 所示。使用两块 CFRP 板将两块钢板搭接并用环氧树脂胶黏合，接头的粘结面积为 200mm×50mm，试件的几何形状如图 5-5 所示。搭接接头试件分为三组，第一组试件作为参考试件，第二组试件用于研究干湿循环对力学性能的影响，第三组试件用于研究过载疲劳损伤和干湿循环耦合作用的影响。通过不同情况下试件的力学性能分析，研究过载疲劳损伤和干湿循环对 CFRP/钢板界面粘结性能的影响规律。

按照图 5-6 中的步骤制备试件[7]。钢板打磨清洗后 4h 内对其进行喷砂处理，并用丙酮清洗 CFRP 板。然后采用胶粘剂将 CFRP 板粘贴到钢板上，为保证胶层厚度为 1mm，将直径 1mm 的小玻璃珠按 1% 的比例掺入粘结胶中，粘贴过程中要排除粘结层的空气以防止出现空鼓和流淌现象。为了提高加固效果，未抹除 CFRP 板端部的溢胶[8]。粘贴后用重物对试件进行加压和固定，试件在室温条件下养护至少 72h，对需要进行干湿循环的试件表面进行防护，在钢板上喷涂防锈漆。由于胶粘剂厚度不易控制[9]，采用与胶粘剂厚度有关的界面主应力来评估胶粘剂的粘结行为。

参数和试件数量汇总 表 5-3

试件编号	分组	过载损伤	干湿循环次数	试件数量
PC	第一组	否	0	2
PH-90	第二组	否	90	2
PH-180	第二组	否	180	2
PF	第三组	是	0	2
PFH-90	第三组	是	90	2
PFH-180	第三组	是	180	2

注：试件标号中，字母 "P" "C" "H" 和 "F" 分别表示 CFRP 板黏合钢板、无损伤试件、湿热干湿循环暴露和过载疲劳损伤。

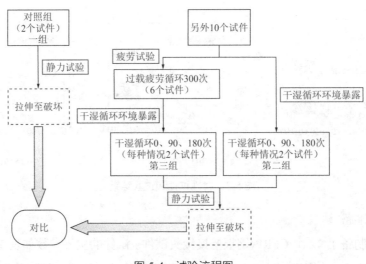

图 5-4 试验流程图

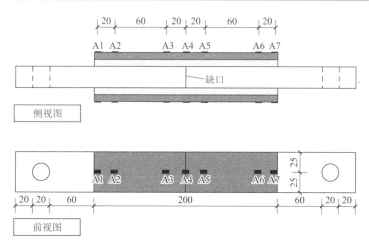

图 5-5　试件的几何形状和应变片布置（单位：mm）

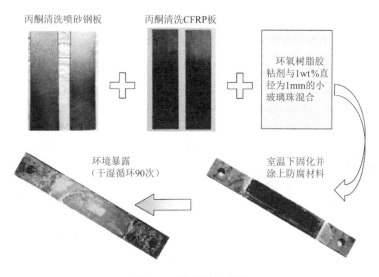

图 5-6　试件制备步骤

（3）过载疲劳损伤处理

过载疲劳损伤处理如 5.1.2 小节搭接接头部分所述。

（4）干湿循环暴露

采用干湿循环加速 CFRP/钢板搭接接头在恶劣环境下的力学性能退化[10]。为了研究干湿循环对有或无过载疲劳损伤试件力学性能的影响，分别将试件暴露 0、90 和 180 次干湿循环。具体干湿循环暴露实现方法如 5.1.1 节所述。

（5）拉伸试验

在环境暴露后，为了解 CFRP/钢接头处应力集中的发展机制，大多数试件仅在 CFRP 板的中心粘贴应变片（图 5-5a）。此外，为了获得加载过程中的界面应力分布，应变片沿着 CFRP 板的纵向中心线粘贴（图 5-5b），测量试件 PC1 和 PFH1-90 的应变并进行对比分析。采用数据记录器（TDS-530）采集应变发展数据。

试验装置示意图如图 5-7 所示。静态拉伸试验（加载速率为 0.5mm/min）可分为两个步骤：拉伸加载至对中和拉伸加载至破坏。采用铰链支架使试件能在轴向张力下居中。首先，将试件放置在 DDL 100 万能试验机中，并通过激光轴对中进行初步对中。由于在拉伸加载过程中对中可能不准确，因此预加载试件至 $0.1P_{max}$，以确保试件在轴向拉伸下居中。在预加载过程中关注试件的应变发展，如果试件两侧的应变差异很小，则认为受拉试件已居中。为避免不必要的误差，至少进行两次对中。横向居中可以通过激光轴对准和预加载过程来实现，横向对中由铰链支承钢板端孔控制。由于在试件制备过程中严格控制了孔的尺寸和位置，因此认为不会出现横向偏心。第二步，为了确认装置和应变片处于良好的工作状态，将试件预加载至 $0.5P_{max}$，并将试件的加载和卸载重复进行三次。三次预加载是拉伸疲劳加载的常用方法，由于之前采用 $0.6P_{max}$ 进行疲劳试验，发现其在前 300 次循环中对力学性能几乎没有影响，因此认为 $0.5P_{max}$ 的预加载对试验结果的影响不大。最后，对试件进行加载直至破坏。相应的荷载和应变由数据记录仪自动记录并由电脑收集，位移（铰链的位置变化）由 DDL 100 万能试验机自动记录。根据试验结果，得到了极限荷载、相应的位移和荷载-应变关系。

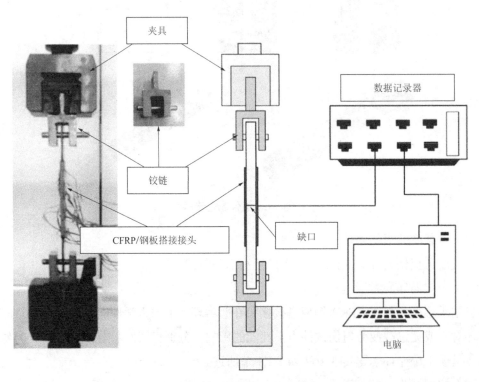

图 5-7 CFRP/钢板搭接接头试件加载试验示意图

5.2.2 试验结果分析

通过开展拉伸试验，研究了钢/CFRP 板搭接接头在干湿循环和/或过载疲劳损伤下的力学性能退化规律，试验结果如表 5-4 所示。

试验结果和理论结果汇总　　　　　　　　表 5-4

试件名称	极限荷载（kN）	极限位移（mm）	剥离侧的胶粘剂厚度（mm）	最大主应力（MPa）
PC1	12.14	1.56	0.98	18.71
PC2	13.16	1.66	1.0	19.69
PH1-90	8.90	1.41	1.24	14.18
PH2-90	9.32	1.54	1.20	14.71
PH1-180	10.91	2.36	1.72	14.52
PH2-180	9.62	3.41	1.38	14.39
PF1	9.88	0.59	1.24	15.09
PF2	9.86	0.58	1.22	15.16
PFH1-90	9.59	2.98	1.13	15.25
PFH2-90	7.71	2.23	1.14	13.40
PFH1-180	7.05	2.06	1.44	12.07
PFH2-180	12.23	2.83	1.34	16.88

（1）过载疲劳损伤

在过载疲劳加载过程中采集了 CFRP 板中缝处的应变，该处应变变化反映了过载疲劳损伤对钢和 CFRP 板搭接接头界面粘结性能的影响，应变结果汇总于表 5-5。在往复加载作用下，试件中缝处的应变变化值逐渐增大，应变变化值的范围在 38~114με 之间，说明往复加载对这些试件造成了一定程度上的损伤。疲劳试验控制荷载在钢截面上的加载范围在 5.1~35.4MPa 之间。因此，过载疲劳损伤发生在胶粘剂本身而不是被黏物处。由于过载疲劳引起胶粘剂损伤，应变水平随着疲劳循环而不断增加，一旦胶粘剂破坏，缝隙周围的应力会急剧增加。

过载疲劳损伤试件中缝处应变的变化　　　　　　　　表 5-5

试件编号	循环次数	测点 1（με）	差值 Δ_1（με）	变化值 Δ_1'（με）	测点 2（με）	差值 Δ_2（με）	变化值 Δ_2'（με）
PF1	第 1 次循环 ε_{min}	17	168	38	62	184	60
	第 1 次循环 ε_{max}	185			246		
	第 300 次循环 ε_{min}	27	206		100	244	
	第 300 次循环 ε_{max}	233			344		

续表

试件编号	循环次数	测点1 ($\mu\varepsilon$)	差值Δ_1 ($\mu\varepsilon$)	变化值Δ_1' ($\mu\varepsilon$)	测点2 ($\mu\varepsilon$)	差值Δ_2 ($\mu\varepsilon$)	变化值Δ_2' ($\mu\varepsilon$)
PF2	第1次循环ε_{min}	42	125	71	10	105	114
	第1次循环ε_{max}	167			115		
	第300次循环ε_{min}	81	196		56	219	
	第300次循环ε_{max}	277			275		
PFH1-90	第1次循环ε_{min}	38	149	101	15	106	84
	第1次循环ε_{max}	187			121		
	第300次循环ε_{min}	81	250		58	190	
	第300次循环ε_{max}	331			248		
PFH2-90	第1次循环ε_{min}	25	175	64	63	226	60
	第1次循环ε_{max}	200			289		
	第300次循环ε_{min}	42	239		65	266	
	第300次循环ε_{max}	281			331		

注：ε_{min}表示该循环中最小的应变值，ε_{max}表示该循环中最大的应变值，应变差值$\Delta=\varepsilon_{max}-\varepsilon_{min}$。

通过分析应变变化，可以确定过载疲劳损伤[11]。当应变变化较大时，过载疲劳损伤严重。为了了解过载疲劳损伤如何发生，图5-8给出了300个疲劳循环中CFRP的应变变化规律。如图所示，应变随着疲劳循环次数的增加而增大（PFH2-180试件除外），这表明试件出现了过载疲劳损伤且损伤随着疲劳循环次数的增加而累积。各试件300次循环后的应变变化如表5-6所示，试件PF、PFH-90和PFH-180的平均应变变化量分别为70.75$\mu\varepsilon$、77.25$\mu\varepsilon$和28.75$\mu\varepsilon$。试件PFH2-180的过载疲劳损伤不明显，如图5-8（e）所示，这与拉伸试验结果一致。这些结果验证了基于应变测量法评估过载疲劳损伤的可靠性。

过载疲劳试验结果　　　　　表5-6

试件名称	应变变化（$\mu\varepsilon$）	平均应力变化（$\mu\varepsilon$）
PF1	49	70.75
PF2	92.5	
PFH1-90	92.5	77.25
PFH2-90	62	
PFH1-180	54	28.75
PFH2-180	3.5	

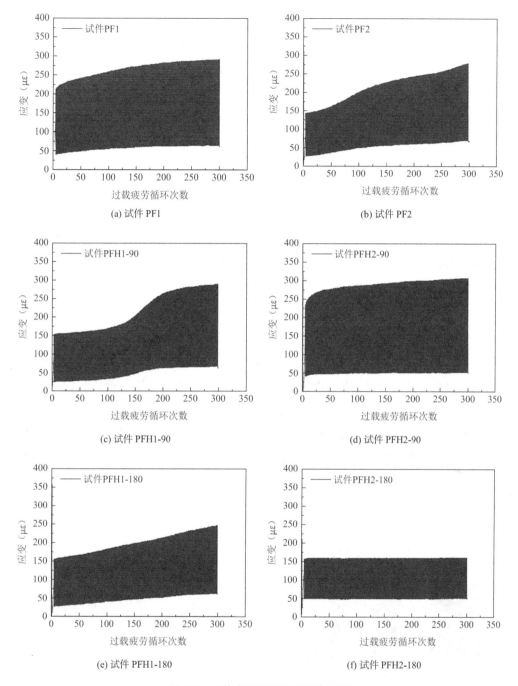

图 5-8　过载疲劳循环下的应变发展

（2）破坏模式

试件的破坏通常分为塑性变形和剥离破坏两个阶段。CFRP 加固钢结构存在五个薄弱点（钢裂缝、钢/胶粘剂界面、胶粘剂、胶粘剂/CFRP 界面和 CFRP 板）[12]，其中胶粘剂剥离和 CFRP 分层是主要的破坏模式。CFRP/钢板界面的破坏模式如图 5-9 所示，参考试件和过载疲劳损伤试件的破坏模式均为胶粘剂和 CFRP 板界面剥离，并且剥离后胶粘剂只残留在钢板上，CFRP 板表面光滑。然而，受到干湿循环作用的试件呈现出了不同的破坏模式：在裂缝发展路径中存在胶粘剂剥离的现象，并且胶粘剂在钢板和 CFRP 板上均存在，裂缝发展路径如图 5-8 所示。此外，测量胶粘剂厚度的结果表明，剥离是从胶粘剂较薄一侧开始的，胶粘剂厚度会影响加固试件的破坏模式，胶粘剂越薄，应力集中越大，越容易出现剥离破坏。虽然胶粘剂厚度不同可能会导致施加荷载的偏心，但与试件厚度相比，两侧胶粘剂厚度接近，差异很小，胶粘剂厚度对剥离破坏的间接影响可以忽略。不同试件剥离侧的胶粘剂厚度见表 5-4，可用于第（5）节中的主应力计算。

（3）极限荷载与位移

图 5-10（a）为平均极限荷载及其相对于参考试件的归一化值。不同试件的极限荷载和相应的位移见表 5-4。由于试件 PFH2-180 没有明显的过载疲劳损伤，不对其进行极限荷载和位移分析。对于其他试件，经历 90 次干湿循环后，有无过载疲劳损伤试件的极限荷载降低值相近。但继续经历 90 次干湿循环后，这种趋势发生了变化。无过载损伤试件的极限荷载并没有随着干湿循环次数增加进一步退化，反而略有增加，这与作者之前的研究结果一致[7]。虽然胶粘剂的材料性能表现为线性，但在与被粘物粘结后，试件在拉伸作用下整体处于塑性状态，由于胶粘剂在吸收溶液后其弹性模量会有所降低变得更软[13]，表现出更强的延性，可能会增加界面粘结强度[14]。另一个可能的原因与剥离侧胶粘剂的厚度有关，如表 5-4 所示，与试件 PH-90 相比，试件 PH-180 的胶粘剂更厚。过载疲劳损伤试件的极限荷载随着干湿循环次数的增加而不断降低，经历 180 个干湿循环后极限荷载降低了 28.6%。由于过载疲劳损伤会破坏胶粘剂，因此可能会诱发一些微裂纹[15]。由于材料的多孔性，溶液吸收量可能更高，随着干湿循环次数的增加，剥离侧胶粘剂的力学性能不断下降。

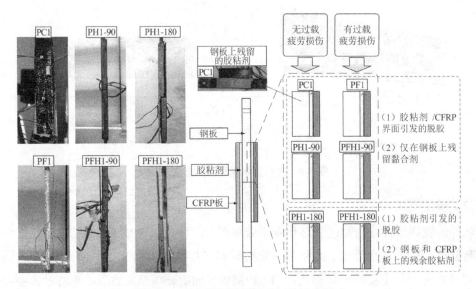

图 5-9　CFRP/钢板搭接接头试件破坏模式

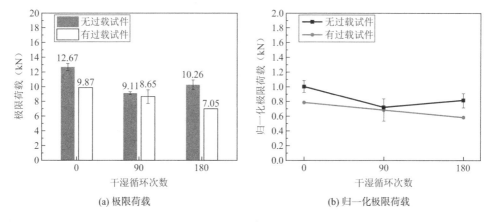

图 5-10　不同干湿循环次数暴露试件的极限荷载

在试件达到极限荷载时其对应的位移也进行了记录。试件平均极限位移和相对于参考试件的归一化极限位移如图 5-11 所示。显然，不管试件是否受过载疲劳损伤处理，其极限位移都随着干湿循环次数的增加而增大，这表明干湿循环暴露可以提高试件的延性。在经历干湿循环之前，有过载疲劳损伤的试件的极限位移远小于无过载疲劳损伤的试件。但在 90 次干湿循环之后，有过载疲劳损伤试件的极限位移急剧增加，甚至超过了无过载疲劳损伤的情况（图 5-11b），这可能与极限荷载降低的原因相同。胶粘剂在 CFRP 加固钢结构的耐久性中起着关键作用。

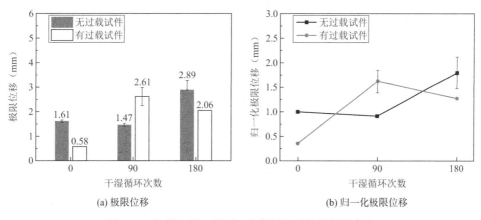

图 5-11　经历不同干湿循环次数试件的极限位移变化

（4）荷载-应变关系

试验过程中通过安装在试件两侧的应变片记录了 CFRP 板在钢板搭接缝处的平均应变变化。无/有过载疲劳损伤试件的荷载-应变曲线如图 5-12 所示。应变先随着荷载线性增加，而后变为非线性。无过载疲劳损伤试件的线性阶段的斜率几乎相同，这表明环境暴露对弹性阶段刚度的不利影响较小。然而当荷载大于 5kN 时，经历干湿循环试件的应变迅速增大，这表明塑性阶段的力学性能受到了显著影响。

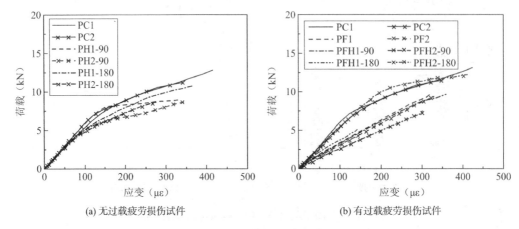

(a) 无过载疲劳损伤试件　　　　　　　(b) 有过载疲劳损伤试件

图 5-12　荷载-应变曲线

对于有过载疲劳损伤的试件，在干湿循环暴露后试件的荷载-应变曲线斜率降低，说明干湿循环和过载疲劳损伤耦合作用对刚度的影响比单一作用更显著。此外，经历不同干湿循环次数暴露后的有过载疲劳损伤试件的刚度没有明显差异，其中试件 PFH2-180 的荷载-应变关系与参考试件的情况相似，可能是因为过载疲劳损伤不显著，如表 5-7 所示。其他过载疲劳损伤试件的荷载-应变关系均为线性，说明疲劳损伤后胶粘剂的塑性性能降低[11]。

过载疲劳试验结果　　　　　　　　　　　表 5-7

试件名称	应变变化（με）	平均应力变化（με）
PF1	49	70.75
PF2	92.5	
PFH1-90	92.5	77.25
PFH2-90	62	
PFH1-180	54	228.75
PFH2-180	3.5	

此外，CFPR 板在不同荷载水平作用下的纵向应变分布如图 5-13 所示。随着荷载的增加，应变值逐渐增大，试件的接缝位置出现应力集中。当荷载接近剥离荷载时，最大应变区从接缝位置向 CFRP 两端扩展，这表明在接缝位置首先开始出现剥离。试件 PC 和 PFH-90 的结果对比表明，虽然 PFH-90 的极限荷载较低，但两者在接缝处的应变值几乎相同，直到荷载超过 6kN 时，参考试件接缝位置才出现应力集中。然而，试件受过载疲劳损伤和干湿循环耦合作用后，在 2kN 的低荷载水平即可清楚地观察到应力集中。

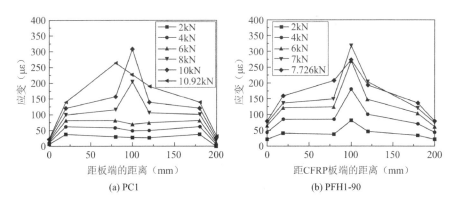

(a) PC1　　　　　　　　　　(b) PFH1-90

图 5-13　CFRP 板在不同荷载水平下的应变分布

5.2.3　长期性能评估分析

（1）最大主应力

由于胶粘剂厚度对 CFRP/钢板搭接接头的界面应力至关重要，试件胶粘剂厚度的变化可能会导致力学性能退化趋势不明确。根据既有研究[16-17]，主应力是接缝处粘结行为的主导因素。为阐明界面剥离机理，必须计算出 CFRP/钢板搭接接头接缝位置处的最大主应力。最大主应力的详细推导过程如 2.1 节所述。除极限荷载外，还计算了如下和表 5-4 中的最大主应力$\sigma_{1,\max}$。

$$\sigma_{1,\max} = \frac{\sigma_{\max}}{2} + \sqrt{\left(\frac{\sigma_{\max}}{2}\right)^2 + \tau_{\max}^2} \tag{5-5}$$

式中：$\sigma_{1,\max}$——最大主应力；

　　　　$\tau_{\max}$——最大剪应力；

　　　　$\sigma_{\max}$——最大法向应力。

根据 2.1 节公式，$\tau_{\max}$ 和 $\sigma_{\max}$ 可计算如下：

$$\tau_{\max} = -\frac{\lambda E_s A_s}{2b(E_s A_s + 2E_f A_f)}[P - 2(\alpha_s - \alpha_f)\Delta T E_f A_f] \tag{5-6}$$

$$\sigma_{\max} = t_f\left(\beta - \frac{\lambda}{2}\right)\tau_{\max} \tag{5-7}$$

其中

$$\lambda = \sqrt{\frac{f_2}{f_1}}, \ f_1 = \frac{t_a}{bG}, \ f_2 = \frac{1}{E_f A_f} + \frac{2}{E_s A_s}, \ \beta = \sqrt[4]{\frac{a_2}{4a_1}}, \ a_1 = \frac{t_a}{E_a b}, \ a_2 = \frac{1}{E_f I_f}$$

式中：　　　t——材料厚度；

　　　　　　b——胶粘剂层的宽度；

　　　α_i 和 ΔT——热膨胀系数和变化温度；

E、A、G 和 I——弹性模量、面积、剪切模量和面积二次矩（下标 $i = s$、a 和 f 分别表示钢、

　　　　　　　　　　胶粘剂和 CFRP 板）；

129

P——所施加的荷载。

由于试验温度变化不明显（$\Delta T = 0$），忽略了热应力的影响，$\sigma_{1,\max}$仅由极限荷载计算。为了评估公式的准确性，计算了参考试件的最大剪切应力，并将其与制造商提供的胶粘剂的剪切强度进行对比。参考试件的平均最大主应力为 19.2MPa，而制造商提供的胶粘剂的剪切强度为 17.2MPa。因此理论与试验结果基本一致。

此外，将试件的平均最大主应力相对于参考试件的平均主应力进行归一化处理，如图 5-14 所示。试件 PFH-180 平均主应力最大降幅约为 28.6%。无过载疲劳损伤试件的最大主应力值在前 90 次干湿循环后显著降低，而在后 90 次干湿循环中几乎保持不变。有过载疲劳损伤试件的最大主应力随干湿循环次数增加而加速下降，这表明耦合作用对 CFRP/钢界面粘结性能的影响更大。

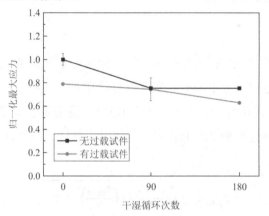

图 5-14　钢/CFRP 搭接接头的最大主应力

（2）长期性能劣化评估

根据试验结果，受到过载疲劳损伤和/或干湿循环作用后，所有试件的粘结强度均有所降低。为了评估 CFRP/钢板搭接接头的长期性能，估算 CFRP/钢板搭接接头在环境暴露后的残余强度，如式(5-8)所示，采用界面强度折减系数来评估加固钢构件在实际受拉作用下的力学性能退化。拟合的界面强度折减系数基于归一化最大主应力随暴露时间的变化，如图 5-14 所示。对无过载疲劳损伤和有过载疲劳损伤情况下的界面折减系数进行线性回归，得到式(5-9)和式(5-10)。

$$\sigma_{\max}(t) = \alpha \times \sigma_{1,\max} \tag{5-8}$$

式中：α——干湿循环和/或过载疲劳损伤引起的界面粘结强度折减系数。

当试件仅受到干湿循环作用时

$$\alpha = -0.0014 \times t + 0.9583 \tag{5-9}$$

当试件受到干湿循环和过载疲劳损伤耦合作用时

$$\alpha = -0.0008 \times t + 0.793 \tag{5-10}$$

式中：t——实际暴露时间（d）。

式(5-7)、式(5-8)、式(5-10)可以预测 CFRP/钢板搭接接头经历干湿循环和/或过载疲劳损伤后的粘结强度。表 5-8 为试验强度水平与计算强度水平（S_{exp}和S_p）的对比，平均比值为 1.00，说明该方法可用于评估 CFRP 加固钢结构的粘结强度。计算结果表明，受过载疲劳损伤影响的 CFRP/钢搭接接头在暴露 366d 后的粘结强度降低至 50%，加固后的结构在不到一年的时间内就会在耦合作用下发生破坏，该模型可为评估 CFRP/钢复合结构在过载疲劳损伤和海洋环境下的粘结强度退化水平提供参考。尽管如此，未来仍需进行更多真型试验研究来完善强度评价模型。

试验和计算劣化水平结果比较　　　　　　　　　　　表 5-8

试件类型	实际时间（d）	试验强度水平S_{exp}（MPa）	界面粘结强度折减系数α	计算强度水平S_p（MPa）	S_{exp}/S_p
无过载疲劳	0	19.20	0.9583	18.40	1.04
	90	14.45	0.8323	15.98	0.90
	180	14.45	0.7073	13.56	1.07
	平均				1.00
有过载疲劳	0	15.13	0.793	15.23	0.99
	90	14.33	0.721	13.84	1.04
	180	12.07	0.649	12.46	0.97
	平均				1.00

5.3　干湿循环与过载疲劳损伤作用下 CFRP 加固缺陷钢梁抗弯承载力研究

5.3.1　概述

如上节所述，加固钢结构在实际工程应用中会受到湿热环境、过载疲劳损伤等因素的影响，使得界面粘结性能下降。对于 CFRP 加固缺陷钢梁，界面粘结性能的退化如何影响到抗弯承载力仍然未知，本节将通过开展试验研究阐明干湿循环与过载疲劳损伤作用下 CFRP 加固缺陷钢梁抗弯承载力的变化规律。

5.3.2　试件设计

试验钢梁总长度为 1200mm，裂纹加工方法如 4.2.1 节所述，经计算得出钢梁的初始裂纹长度为 14.4mm，将加工后的初始裂纹作为钢梁的初始缺陷，钢梁裂纹的具体尺寸如图 5-15 所示。钢梁翼缘边缘有圆弧，腹板和翼缘内凹处为圆弧。在距钢梁跨中裂纹 100mm 处焊 4 块 10mm 厚的加劲肋，避免加载过程中钢梁翼缘因为集中荷载而导致过早屈曲破坏。所用材料参数如表 5-9 所示。

<table>
<tr><td colspan="3" style="text-align:center">材料参数实测值</td><td style="text-align:right">表 5-9</td></tr>
<tr><td>材料名称</td><td>弹性模量（GPa）</td><td colspan="2">屈服强度（抗拉强度）（MPa）</td></tr>
<tr><td>Q235 级工字钢</td><td>205.1</td><td colspan="2">305.3</td></tr>
<tr><td>CFRP 板</td><td>127.2</td><td colspan="2">745.9</td></tr>
<tr><td>Sika30 粘钢胶</td><td>11.2</td><td colspan="2">25.5</td></tr>
</table>

本节共对 8 根 CFRP 加固缺陷钢梁开展试验研究，包括 1 根参考梁（AR）、3 根干湿循环梁（ARH-90、ARH1-180、ARH2-180）、2 根过载疲劳损伤梁（ARF1、ARF2）以及 2 根干湿循环与过载疲劳损伤耦合作用梁（ARFH-90、ARFH-180），其中 F 代表过载疲劳损伤，H 代表湿热环境（干湿循环），后缀数字代表干湿循环次数。具体参数和试验结果汇总见表 5-10。加固钢梁及应变片布置如图 5-15 所示。

<table>
<tr><td colspan="5" style="text-align:center">试件参数与试验结果</td><td style="text-align:right">表 5-10</td></tr>
<tr><td>试件编号</td><td>过载疲劳损伤</td><td>干湿循环次数</td><td>剥离荷载（kN）</td><td>极限荷载（kN）</td><td>极限挠度（mm）</td></tr>
<tr><td>AR</td><td>否</td><td>0</td><td>32.5</td><td>41.1</td><td>5.8</td></tr>
<tr><td>ARF1</td><td>是</td><td>0</td><td>29.7</td><td>39.3</td><td>6.2</td></tr>
<tr><td>ARF2</td><td>是</td><td>0</td><td>29.2</td><td>41.5</td><td>5.5</td></tr>
<tr><td>ARH-90</td><td>否</td><td>90</td><td>30.2</td><td>36.9</td><td>6.4</td></tr>
<tr><td>ARFH-90</td><td>是</td><td>90</td><td>29.0</td><td>37.7</td><td>6.6</td></tr>
<tr><td>ARH1-180</td><td>否</td><td>180</td><td>28.2</td><td>35.7</td><td>6.5</td></tr>
<tr><td>ARH2-180</td><td>否</td><td>180</td><td>29.0</td><td>37.1</td><td>6.8</td></tr>
<tr><td>ARFH-180</td><td>是</td><td>180</td><td>27.3</td><td>35.1</td><td>7.5</td></tr>
</table>

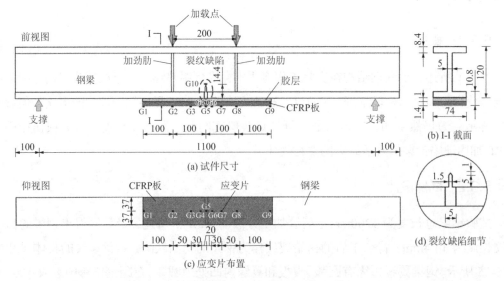

图 5-15 加固钢梁尺寸及应变片布置（单位：mm）

5.3.3　试验步骤

采用 500kN 电液伺服动静万能试验机 SDS500 开展四点弯曲试验，如图 5-16 所示。先对参考梁试件（AR）进行位移控制加载，加载速率为 0.05mm/s，得到梁 AR 的剥离荷载 P_d 为 32.5kN。为了对应于某公路桥一个月时长的过载疲劳损伤，过载疲劳损伤程度的确定及其施加方法如 5.1.2 节所述。

(a) 四点弯曲试验布置　　　　　　　　　　　(b) 试验布置图解

图 5-16　试验加载装置

试验流程如图 5-17 所示。由于试验条件的限制，过载疲劳不能与干湿循环同步开展。因此，对于受过载疲劳损伤和干湿循环耦合作用的试件，首先对试件进行过载疲劳损伤研究，然后进行干湿循环（如 5.1.1 节所述）。过载疲劳损伤和/或干湿循环暴露后，对所有试件进行四点弯曲试验直至 CFRP 板剥离破坏停止加载。

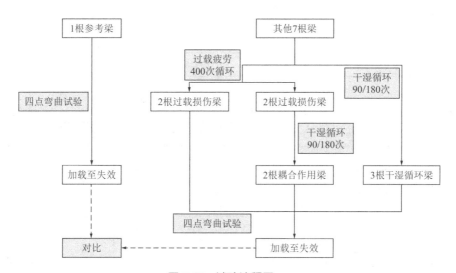

图 5-17　试验流程图

为了测量 CFRP 板底部的应变分布，沿 CFRP 板纵向中心线粘贴了 9 个应变片，如图 5-15 所示。应变片 G10 粘贴在缺口尖端。使用 LVDT 测量跨中挠度，如图 5-16 所示。

所有数据均由数据记录仪（TDS-530）自动记录，缺口位置附近的剥离过程使用摄像机监测。加载时每秒同步记录一次应变、位移、荷载和图像。

5.3.4 试验结果分析

1. 过载疲劳损伤

过载疲劳损伤可以通过 CFRP 应变的变化范围来评估，该应变范围指的是同一疲劳周期中 CFRP 板上最大和最小应变的差值。当应变范围变化较大时，说明过载损伤较严重。在过载疲劳损伤情况下，采用应变片 G2～G8 测量试件 ARF1 与 ARF2 的 CFRP 板上的应变，而应变片 G4、G5、G6 测量试件 ARFH-90 和 ARFH-180 的 CFRP 板上的应变；采用应变片 G10 测量所有过载疲劳损伤试件的缺口裂缝尖端的应变。400 次过载疲劳损伤后 CFRP 板上的应变范围及其变化（$\varepsilon\Delta_{开始}$和$\varepsilon\Delta_{结束}$）、应变范围（$\Delta\varepsilon$）的平均变化量如表 5-11 所示。G5 的应变变化几乎是 G4 和 G6 的两倍，而 G2、G3、G7 和 G8 的应变变化不明显。这表明，胶粘剂的过载疲劳损伤最初发生在应力集中位置，并向两端扩散，由于过载疲劳损伤降低了胶层的粘结性能，导致 CFRP 加固效果下降。对称粘贴的应变片（如 G2 和 G8）的应变值并不相同，可以用两点来解释。第一，可能是胶粘剂的厚度不均匀导致了 CFRP 板两侧的应变差。其次，由于应变片的附着性差，应变片的细微方向差异也会影响应变结果。应变片 G2 和 G8 在 400 次过载疲劳损伤后应变变化较小，与 G4、G5、G6 的应变值相比变化不明显。G10 的变化更为显著，表明缺口裂缝尖端的应力集中增强。虽然 400 次过载疲劳后钢梁没有出现裂纹扩展现象，但钢梁的缺口尖端仍会受到影响，其塑性更强。

过载疲劳损伤界面应变范围　　　　　　　　　　表 5-11

试件		G2	G3	G4	G5	G6	G7	G8	G10
ARF1	$\varepsilon\Delta_{开始}$	388	—	648	1217	525	345	390	836
	$\varepsilon\Delta_{结束}$	408	—	730	1318	587	370	412	948
	$\Delta\varepsilon$	20	—	82	101	62	25	22	112
ARF2	$\varepsilon\Delta_{开始}$	385	340	583	1133	695	350	364	1016
	$\varepsilon\Delta_{结束}$	390	349	657	1283	750	375	396	1233
	$\Delta\varepsilon$	2	9	74	150	55	25	32	217
ARFH-90	$\varepsilon\Delta_{开始}$	—	—	744	1250	702	—	—	1212
	$\varepsilon\Delta_{结束}$	—	—	819	1424	756	—	—	1533
	$\Delta\varepsilon$	—	—	75	174	54	—	—	321
ARFH-180	$\varepsilon\Delta_{开始}$	—	—	694	1799	726	—	—	1294
	$\varepsilon\Delta_{结束}$	—	—	830	1970	755	—	—	1410
	$\Delta\varepsilon$	—	—	136	171	29	—	—	116

注：①应变范围$\Delta\varepsilon = \varepsilon\Delta_{结束} - \varepsilon\Delta_{开始}$。
　　②ARF1 中的 G3 在试验过程中被破坏，未记录数据。

2. 试件强度与刚度

比较不同工况下试件的荷载-位移曲线，如图 5-18 所示。首先，过载疲劳损伤试件与对照试件的变化相似，这说明在 400 次过载疲劳循环后，其强度和刚度没有明显下降。受干湿循环作用的梁力学性能相近，其强度和刚度明显低于参考梁 AR。结果表明，经历 90 次干湿循环后，无过载疲劳损伤加固梁的强度和刚度显著下降，但继续经历 90 次干湿循环试件承载力无明显下降，这与上节的研究结果一致。

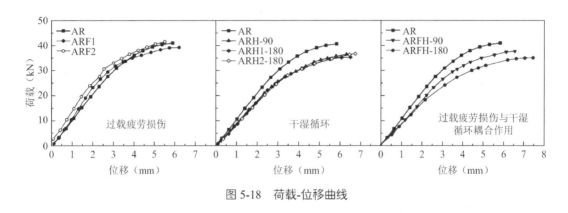

图 5-18　荷载-位移曲线

剥离荷载、极限荷载以及其对应挠度如表 5-10 所示。剥离荷载和极限荷载及其归一化值如图 5-19 和图 5-20 所示。与无过载疲劳损伤试件相比，经历 0 次、90 次和 180 次干湿循环耦合作用后试件的剥离荷载分别降低了 9.2%、4.0% 和 4.5%，极限荷载分别降低了 1.7%、2.2% 和 3.6%。显然，过载疲劳损伤能降低经历干湿循环试件的剥离荷载，但对极限荷载影响并不明显，甚至在 90 次干湿循环后能够观察到小幅上升。由于刚度突变应力集中作用的影响，过载疲劳损伤对缺口附近的胶层影响较大，胶层受损后易引发界面胶层的剥离，但其他位置的胶层损伤并不大，剥离难以扩展，试件的极限荷载受到的影响相对较小，故剥离荷载比极限荷载减少更加明显。与对比试件相比，经历 90 次和 180 次干湿循环试件的剥离荷载分别下降了 7.1% 和 12%，极限荷载分别下降了 10.2% 和 11.4%，这表明干湿循环使得无过载疲劳损伤加固梁的承载性能降低，剥离强度持续下降，但再次经历 90 次干湿循环后，试件的极限荷载降幅较小。同时，与参考梁 AR 相比，经历 90 次和 180 次干湿循环耦合作用的试件剥离荷载分别降低了 10.8% 和 17.5%，极限荷载分别降低了 8.3% 和 14.6%，过载疲劳损伤和干湿循环耦合作用对加固钢梁的力学性能有显著影响。与无过载疲劳损伤情况不同，耦合作用条件下，试件的剥离和极限强度都持续下降。如图 5-21 所示，干湿循环 90 次和 180 次后，仅经历干湿循环的试件挠度比参考梁分别增加了 10.3% 和 14.7%，而耦合作用试件的挠度分别增加了 13.8% 和 29.3%，挠度的变化趋势与相应的极限荷载相似。

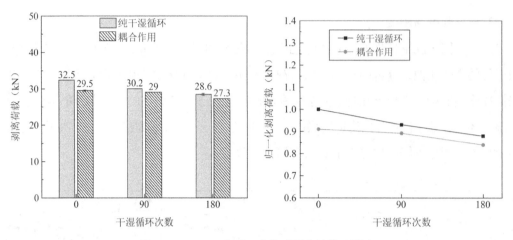

图 5-19　不同干湿循环次数对剥离荷载的影响

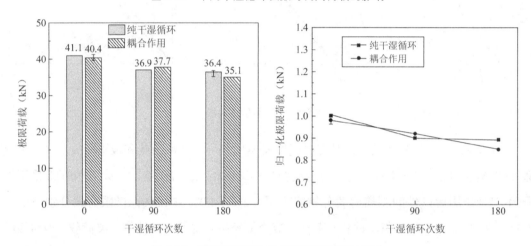

图 5-20　不同干湿循环次数对极限荷载的影响

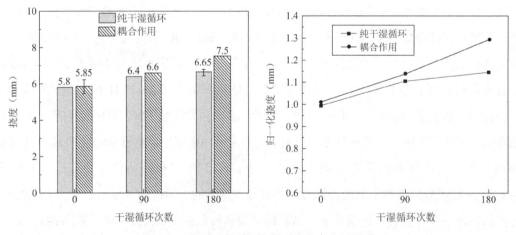

图 5-21　不同干湿循环次数对挠度变化的影响

3. 应变分布

经历过载疲劳损伤、干湿循环以及耦合作用后试件的 CFRP 板应变分布如图 5-22 所示。不同试件的应变发展趋势相似，粘贴在 CFRP 板中部的应变片 G5 测量的应变几乎随荷载线性增加。缺口位置附近的胶层随着荷载的增加塑性增强，因此 G4 和 G6 处的应变增加较快。剥离开始后，首先是 G3、G7 然后是 G2、G8 的应变从中间向两侧快速传播。达到极限荷载时，参考梁的 G5 处测得的应变大于其他位置的应变，但经历长期效应后试件的应变结果则刚好相反，由于长期效应降低了 CFRP 的加固效果，钢梁上缺口附近的屈服区以及缺口的开展被强化，加固梁缺口处的曲率降低导致板中间的应变略小于相邻部分。在不同荷载水平作用下，CFRP 板中相应的纵向应变分布如图 5-23 所示。剥离荷载后，最大应变区开始从板的中间向两侧扩展。如图 5-23（c）、（d）所示，达到极限荷载时，干湿循环试件纯弯曲段的应变曲线几乎水平，说明与其他两种试件相比，干湿循环作用下通过界面传播的胶层粘结性能退化更为显著。

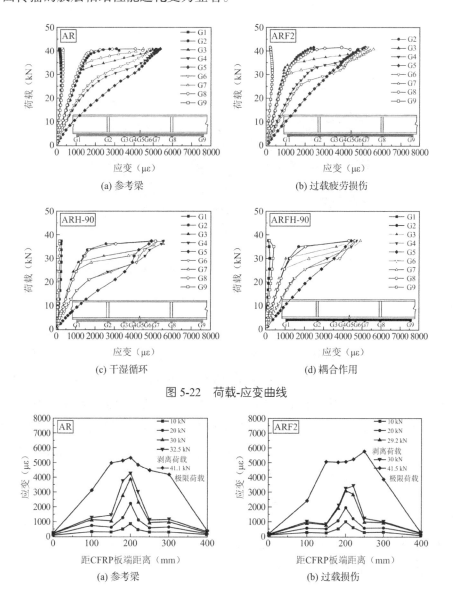

(a) 参考梁　　　　　　　　　　　(b) 过载疲劳损伤

(c) 干湿循环　　　　　　　　　　(d) 耦合作用

图 5-22　荷载-应变曲线

(a) 参考梁　　　　　　　　　　　(b) 过载损伤

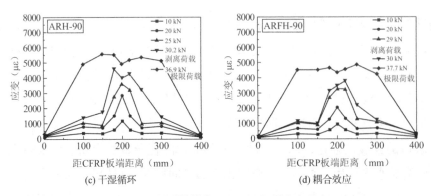

(c) 干湿循环　　　　　　　　　(d) 耦合效应

图 5-23　不同荷载水平下 CFRP 板应变分布

4. 试件的破坏模式

试件加载过程中用摄像机记录了加固梁的破坏模式。图 5-24 所示为典型的剥离破坏模式，CFRP 板一端剥离，另一端部分仍然附着在梁上，当荷载达到剥离荷载时，CFRP/钢界面从缺口位置开始剥离。

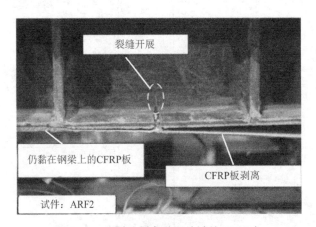

图 5-24　典型的剥离破坏（试件 ARF2）

图 5-25 显示了不同工况下的破坏模式变化。试件 AR、ARF1 和 ARF2 的剥离从钢梁上的缺口位置开始，沿着 CFRP 板和胶粘剂之间的界面扩展。相比之下，经历不同干湿循环次数的试件 ARH-90、ARH1-180 和 ARH2-180 的剥离始于钢梁和胶粘剂之间的界面，原因是干湿循环试验系统中引入了氯离子，加速了钢梁的腐蚀，经历 180 次干湿循环后试件的钢梁腐蚀更加严重，从钢梁上分离的胶粘剂更多，试件的力学性能随干湿循环次数增加而不断降低。此外，耦合作用梁（如 ARFH-90 和 ARFH-180）的剥离始于 CFRP 板和胶粘剂之间的界面，这与仅受到干湿循环作用的试件有所不同，其原因是过载疲劳损伤导致了 CFRP 板/胶粘剂界面的粘结性能的退化。

根据试件破坏模式，图 5-26 为经历不同干湿循环次数后有无过载疲劳损伤试件的缺口区剥离过程示意图。在靠近 CFRP 板端表面出现了渗透到胶粘剂中的铁锈。经历 180 次干湿循环后试件的锈蚀范围大于经历 90 次干湿循环试件的锈蚀范围，说明干湿循环次数的增加会导致界面腐蚀更严重,过载疲劳损伤比 180 次干湿循环的损伤更易于引发剥离破坏。

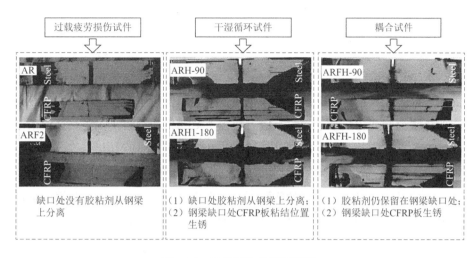

图 5-25　破坏试件的剥离界面

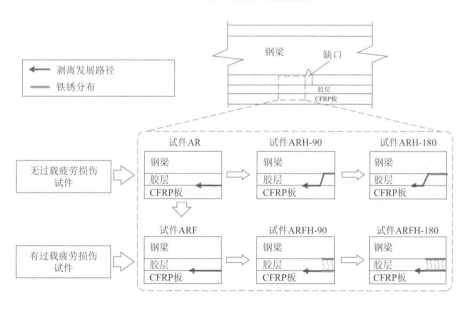

图 5-26　缺口附近试件的剥离过程示意图

（波形线及其长度分别表示锈蚀和锈蚀范围,箭头表示剥离传播趋势）

5.4　小结

本章对 CFRP 加固钢构件的耐久性能进行了研究,得出如下结论:

（1）介绍了大型耐久性干湿循环试验系统及其工作原理,并且对试验梁与搭接接头的过载损伤处理方法分别进行了阐释,明确了相关试验的实现方法。

（2）开展了钢和 CFRP 板搭接接头拉伸试验,并推导了 CFRP/钢搭接接头位置的最大主应力计算公式。研究了湿热环境下干湿循环或/和过载疲劳损伤作用对钢和 CFRP 板搭接接头耐久性的影响规律。研究结果表明，干湿循环对钢和 CFRP 板搭接接头的抗拉承载力有较大的影响，而且干湿循环 3 个月后试件承载力趋于稳定。CFRP 加固钢界面的粘结性能会因过载疲劳损伤而显著降低，不同干湿循环次数下 CFRP/钢板接头粘结强度退化程度不同；无过载损伤的试件经历 180 次干湿循环后刚度没有明显退化，但有过载疲劳损伤的试件刚度退化显著；提出了搭接位置最大主应力的简单表达式，并确定了由于胶粘剂厚度差异引起的极限荷载变化。基于最大主应力提出了 CFRP/钢板搭接接头长期耐久性评估模型，该模型考虑了过载疲劳和干湿循环耦合作用的影响规律，理论值与试验结果吻合良好。

（3）开展了 CFRP 加固钢梁四点弯曲试验，研究了过载疲劳损伤和湿热干湿循环作用对 CFRP 板加固缺陷钢梁力学性能的影响。研究发现，过载疲劳损伤对胶层的破坏主要发生在缺陷位置并迅速传播到板端；过载疲劳损伤加固梁的强度和刚度因干湿循环而持续下降，而无过载疲劳损伤梁仅前 90 次干湿循环影响明显；过载疲劳和/或干湿循环作用虽然能有效缓解 CFRP 板的应变集中，但是干湿循环与过载疲劳损伤均会导致 CFRP 板/胶粘剂界面粘结性能退化，且过载疲劳损伤的影响更大，两者共同作用能显著影响加固钢梁的力学性能。

参考文献

[1] GUANG J, DENG J, LIU T, XIE Y. Flexural capacity of overloading damaged RC T beams strengthened with CFRP subjected to wet-dry cycles[J]. International Conference on Performance-based and Life-cycle Structural Engineering, 2015: 505-511.

[2] 王振海. 湿热环境下过载疲劳损伤钢筋混凝土 T 梁的耐久性研究[D]. 广州: 广东工业大学, 2014.

[3] 邓军, 黄培彦. CFRP 板与钢梁黏接的疲劳性能研究[J]. 土木工程学报, 2008, 41(5): 14-18.

[4] 全国钢标准化技术委员会. 钢及钢产品　力学性能试验取样位置及试样制备: GB/T 2975—1998[S]. 北京: 中国标准出版社, 1998.

[5] 全国纤维增强塑料标准化技术委员会. 定向纤维增强聚合物基复合材料拉伸性能试验方法: GB/T 3354—2014[S]. 北京: 中国质检出版社, 2014.

[6] 全国纤维增强塑料标准化技术委员会. 树脂浇铸体性能试验方法总则: GB/T 2567—1995[S]. 北京:中国标准出版社, 1995.

[7] WANG Y, ZHENG Y, LI J, ZHANG L, DENG J. Experimental study on tensile behaviour of steel plates with centre hole strengthened by CFRP plates under marine environment[J]. International Journal of Adhesion and Adhesives, 2018, 84: 18-26.

[8] DENG J, LEE M M K. Effect of plate end and adhesive spew geometries on stresses in retrofitted

beams bonded with a CFRP plate[J]. Composites Part B: Engineering, 2008, 39: 731-739.

[9] DENG J, LEE M M K. Behaviour under static loading of metallic beams reinforced with a bonded CFRP plate[J]. Composite Structures, 2007, 78: 232-242.

[10] XIE Y, GUAN K, ZHAN L, WANG Q. Mechanical behavior and chloride penetration of precracked reinforced concrete beams with externally bonded CFRP exposed to marine environment[J]. International Journal of Polymer Science, 2016, 2016: 1-8.

[11] DENG J, LEE M M K. Fatigue performance of metallic beam strengthened with a bonded CFRP plate[J]. Composite Structures, 2007, 78(2): 222-231.

[12] ZHAO X, ZHANG L. State-of-the-art review on FRP strengthened steel structures[J]. Engineering Structures 2007, 29: 1808-1823.

[13] HESHMATI M, HAGHANI R, AL-EMRANI M. Effects of moisture on the long-term per-formance of adhesively bonded FRP/steel joints used in bridges[J]. Composites Part B: Engineering, 2016, 92: 447-462.

[14] DAI J, YOKOTA H, IWANAMI M, KATO E. Experimental investigation of the influence of moisture on the bond behavior of FRP to concrete interfaces[J]. Journal of Composites for Construction, 2010, 14: 834-844.

[15] WU C, ZHAO X, CHIU W, et al. Effect of fatigue loading on the bond behaviour between UHM CFRP plates and steel plates[J]. Composites Part B: Engineering, 2013, 50: 344-353.

[16] TENG J, FERNANDO D, YU T. Finite element modelling of debonding failures in steel beams flexurally strengthened with CFRP laminates[J]. Engineering Structures, 2015, 86: 213-224.

[17] WANG Y, LI J, DENG J, et al. Numerical study on notched steel plate with center hole strengthened by CFRP[J]. J Adhes Sci Technol, 2018, 32: 1066-1080.

第 **6** 章

CFRP/钢界面耐久性

碳纤维增强复合材料具有轻质高强、耐腐蚀及抗疲劳等优势，利用粘结胶将 CFRP 外贴至受损钢结构能够有效地提高原结构承载能力和服役寿命。CFRP-钢粘结界面是加固结构的薄弱点、也是加固设计的关键点，而过载疲劳和湿热循环等共同作用下加固结构界面性能的退化规律目前尚不清楚，制约了这一加固技术的广泛应用。本章对过载疲劳损伤和干湿循环共同作用下 CFRP/钢界面的耐久性开展了研究，揭示了界面粘结行为和劣化机制，并提出了相应的界面粘结-滑移关键参数。

6.1 干湿循环和过载疲劳损伤作用下 CFRP/钢界面性能退化规律

6.1.1 试验材料

与上一章不同，本章采用 CFRP/钢单剪试件来研究干湿循环和过载疲劳损伤作用对其界面耐久性的影响规律，试件包括三种材料：钢、碳纤维板和粘结胶。通过相应的材料性能测试，得到了钢材的平均弹性模量和屈服强度分别为 213GPa 和 263.5MPa；CFRP 板的平均弹性模量和抗拉强度分别为 180.4GPa 和 2276.1MPa；商用环氧树脂粘结胶的平均拉伸弹性模量、剪切弹性模量和拉伸强度分别为 5.7GPa、2.17GPa 和 39.2MPa。

6.1.2 试件设计与制作

共设计了 14 个 CFRP/钢单剪试件，如表 6-1 所示。一共分为四种工况，包括未老化试件（对照）、过载疲劳损伤试件、干湿循环试件，以及过载疲劳损伤和干湿循环共同作用试件。在试件编号中，字母 J、D 和 H 分别代表 CFRP/钢接头、过载疲劳损伤和干湿循环。

试件参数表			表 6-1	
工况	试件编号	过载疲劳损伤	干湿循环次数	试件数量
对照组	J	否	0	5
过载疲劳损伤组	JD	是	0	3
干湿循环组	JH	否	90	3
过载疲劳损伤 + 干湿循环组	JDH	是	90	3

图 6-1 为 CFRP/钢单剪试件示意图。钢板的长度为 210mm，宽度为 100mm，厚度为 15mm。在钢板上加工了 8 个直径为 13mm 的螺孔，用来将试件固定在特定的试验平台上。CFRP 板的长度为 350mm，宽度为 50mm，厚度为 1.4mm。CFRP 板的粘贴长度为 200mm，粘贴厚度为 1mm。为了防止 CFRP 板被加载设备的夹头直接夹住，加载端 CFRP 板的两侧分别粘贴了铝片锚板。每个铝片锚板的长度为 100mm，宽度为 50mm。在每个铝片锚板的内表面加工了多个凹槽，以加强铝片锚板和 CFRP 板之间的粘结性能。

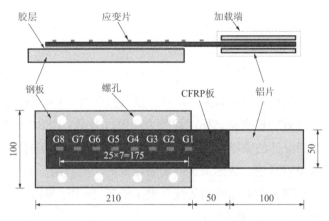

图 6-1 试件几何尺寸（单位：mm）

试件制作过程和试验流程如图 6-2 所示。首先对每块钢板的表面进行喷砂处理，以去除铁锈和污染物，形成一个粗糙、干净、有化学活性的表面。CFRP 板在喷砂后 24h 内被粘贴到钢板表面。在 CFRP 板粘贴之前，钢板和 CFRP 板的表面均用乙醇进一步清洗，以去除细小的磨料灰尘。在粘贴过程中，用夹具将 L 形的铝制挡板固定在钢板的两侧，以防止 CFRP 板在粘贴过程中发生偏斜。在涂胶过程中，将 1wt% 的玻璃球（直径 1mm）与粘结胶混合均匀，以精确控制胶层的厚度为 1mm。CFRP 板与钢板粘贴完成后，及时清除多余的粘结胶，并在重物加压和室温下固化至少 2 周，然后再进行过载疲劳损伤或干湿循环处理。

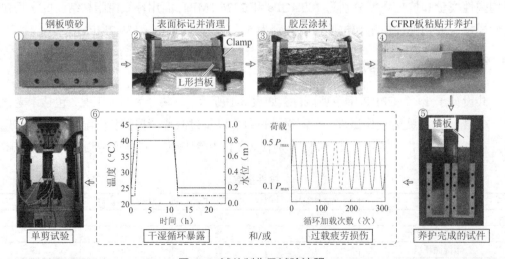

图 6-2 试件制作及试验流程

6.1.3　过载疲劳损伤和干湿循环处理

本章中 CFRP/钢界面的耐久性研究方法与第 5 章的耐久性试验方法原理一致，仅在过载疲劳荷载的上、下限值、过载疲劳次数，以及干湿循环次数有所不同。在本章中，首先用万能试验机以位移控制模式（速度为 0.2mm/min）获得对照试件的极限荷载P_{max}，随后采用正弦加载模式实现 CFRP/钢单剪试件的过载疲劳损伤。过载疲劳损伤次数为 300 次，荷载范围为$(0.1\sim0.5)P_{max}$，频率为 0.1Hz。由于界面应力集中发生在加载端的局部[1]，因此，沿着 CFRP 板的轴线布置两个应变片，以监测 CFRP 在循环加载期间的应变变化。应变片相距 20mm，应变采集频率为 1Hz。

此外，将 6 个 CFRP/钢单剪试件（3 个有过载疲劳损伤，3 个没有过载疲劳损伤）放置在大型耐久性干湿循环试验系统中加速老化 90d，干湿循环后的试件如图 6-3 所示。在进行干湿循环暴露之前，除粘贴区外，试件其他部位均进行防锈处理。由于干湿循环和过载疲劳损伤无法同步进行，本章对具有过载疲劳损伤和干湿循环共同作用的试件先进行过载疲劳损伤处理，然后再进行干湿循环处理。与此同时，为研究所采用粘结胶本身的耐久性问题，同样制作了一批粘结胶试件用于干湿循环老化试验。

6.1.4　加载方案及测点布置

为了避免单剪试件的偏心受拉，本章设计了一个加载试验平台，如图 6-4 所示。该平台由一块顶板、一个钢架、一块底板和四个连接螺杆组成。加载前，使用八个高强螺栓将单剪试件固定在试验平台的钢架上，并使试件的钢板与试验平台的底板紧密接触。通过调整钢架空间位置，可以确保 CFRP/钢界面在加载过程中处于纯剪切受力状态。在加载之前，还需通过激光对中仪进行试件、试验平台和加载设备的对中。对中完成后，对试件预加载至 10kN，以检查加载装置和数据采集仪是否正常工作。随后再卸载至 0kN，再通过位移控制模式以 0.003mm/s 的速率进行加载，直到 CFRP 板从钢板上完全剥离。加载过程中，利用应变片来测量 CFRP 板的应变分布，应变片的布置如图 6-1 所示。利用采集仪同步采集荷载和应变，采集频率为 1Hz。

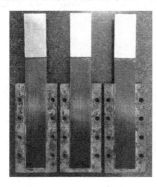

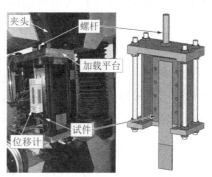

图 6-3　干湿循环后的试件　　　　　图 6-4　单剪试件加载装置

6.1.5 试验结果与分析

（1）粘结胶力学性能退化

干湿循环 90d 后粘结胶试件的力学性能如图 6-5 所示。可以发现干湿循环对粘结胶的力学性能有不利影响。在干湿循环后，粘结胶的拉伸强度和弹性模量分别降低了约 9.2% 和 5.3%，潜在原因是水分渗透会导致环氧树脂水解[2]，尤其是 NaCl 溶液可能会进一步增加环氧树脂中可溶性化合物的析出[3]。

（2）过载疲劳损伤分析

过载疲劳损伤过程中，CFRP/钢单剪试件的荷载-位移曲线如图 6-6 所示。可以发现曲线斜率随着过载疲劳次数的增加而变化，峰值荷载下的残余位移也随着过载疲劳次数的增加而增加。在 300 次过载疲劳加载后，峰值和谷值荷载下的位移分别增加了 25.4% 和 58.3%，这表明过载疲劳劣化了 CFRP/钢的界面性能。

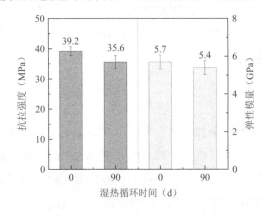

图 6-5　老化后的粘结胶力学性能

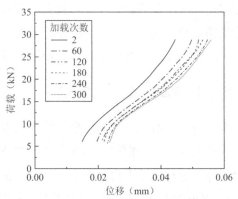

图 6-6　过载疲劳中单剪试件的荷载-位移关系

过载疲劳会导致 CFRP/钢界面的疲劳损伤，进而影响 CFRP 板和钢板之间的荷载传递。作者课题组研究发现界面损伤可以通过应变范围的变化（同一疲劳周期内 CFRP 板上最大和最小应变的差值）进行评估[4-5]。因此，本章用布置在 CFRP 板加载端的两个应变片来评估界面的过载疲劳损伤，靠近加载端的应变片为 A1，距离加载端 20mm 处的应变片为 A2。

图 6-7（a）展示了试件在过载疲劳过程中的 CFRP 应变变化。如图所示，A1 处的应变高于 A2 处的应变，表明 A1 处的粘结层承受较高的界面应力。A1 处的应变在加载初期迅速增加随后基本稳定，表明界面过载疲劳损伤的积累是从应力集中位置开始的。A2 处的应变在加载初期较小随后不断增加，表明应力传递区由于粘结胶的累积损伤而扩大。此外，本章采用了应变幅的变化量（同一周期内最小和最大应变的范围）来表征过载疲劳损伤的程度，如图 6-7（b）所示。可以发现 300 次过载疲劳使得不同试件的应变幅变化量有所区别，通常情况下，应变幅变化量越大，粘结层的过载疲劳损伤就越大[4]。

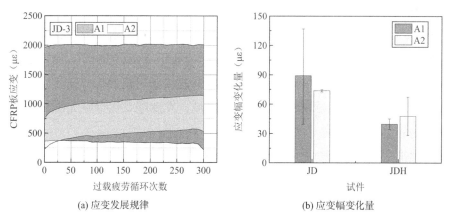

(a) 应变发展规律 (b) 应变幅变化量

图 6-7　过载疲劳过程中 CFRP 应变变化

（3）荷载-滑移曲线及承载能力

所有试件在静力加载中都表现出类似的两阶段发展过程，如图 6-8 所示。首先，荷载随着滑移量的增加而线性增加；当达到特定的滑移值时，曲线随后迅速进入平台阶段，表明界面在加载端开始剥离。通过对比相应的荷载-滑移曲线，可以发现过载疲劳损伤以及干湿循环均降低了试件的刚度（线性阶段的斜率）。此外，与对照组相比，过载疲劳损伤试件的承载能力几乎没有影响，而干湿循环试件的承载能力则有一定程度的下降，过载疲劳损伤和干湿循环共同作用的试件承载能力则表现出更大的下降。这样的变化主要是由于过载疲劳损伤引起的粘结层疲劳损伤加剧了干湿循环导致的界面劣化[6]。

图 6-9 展示了不同工况下的极限荷载。由于过载疲劳损伤和干湿循环均会引起加载端附近的界面损伤，因此，相应的试件会出现加载端界面的过早剥离现象。而界面剥离后会加剧剩余粘结区域的界面应力，导致界面剥离速度的增加，进而影响到试件的极限荷载。从图中可以看出，过载疲劳损伤试件（JD）的极限荷载降低了 5.6%，而干湿循环试件（JH）的极限荷载降低了 8.2%，表明干湿循环暴露对界面的劣化影响更明显，这是因为干湿循环影响的界面区（整个粘结界面）比过载疲劳损伤的界面区（加载端附近）更大。此外，过载疲劳损伤和干湿循环共同作用的试件（JDH）的极限荷载下降最大，达到了 12.3%。

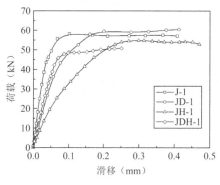

图 6-8　荷载-滑移曲线

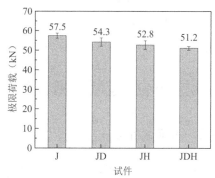

图 6-9　试件极限荷载

（4）破坏模式分析

图 6-10（a）中展示了试件的失效模式，主要为 CFRP 板材料脱层。原因是本研究中采用了高拉伸强度（39.2MPa）的粘结胶。根据既有文献[7]，粘结胶的抗拉强度是影响失效模式的因素之一。如果粘结胶的拉伸强度高于 CFRP 板中的树脂的拉伸强度，CFRP 可能发生分层破坏。通过观察加载端剥离界面的局部区域，发现过载疲劳损伤和干湿循环会影响试件最开始的界面剥离路径。

对于对照组试件，界面剥离从胶粘剂层的内聚破坏开始，但立即转变为 CFRP 分层的破坏模式。过载疲劳损伤试件的界面剥离与对照组试件类似，但内聚破坏的长度更长。原因是过载疲劳损伤导致胶粘剂层出现裂纹，降低了靠近加载端的粘结胶的强度。对于干湿循环试件，界面剥离从粘结胶/钢界面开始，然后变为 CFRP 板的分层。这是因为水分引起的胶层微裂缝导致了钢材与水分的接触，粘结胶/钢界面产生了劣化。此外，由于微裂缝的存在，在剥离界面上观察到了铁锈。对于过载疲劳损伤和干湿循环共同作用的试件，界面剥离首先从粘结胶/钢界面开始，然后转变为 CFRP 分层，由于过载疲劳损伤引起的裂纹，在剥离界面上观察到了更多的铁锈。基于上述的试件失效模式，绘制了不同工况下试件的剥离过程示意图，如图 6-10（b）所示。图中，粗线代表铁锈，粗线长度表示铁锈的范围，钢材表面和 CFRP 之间的虚线代表铁锈出现在过载疲劳损伤导致的微裂纹，深色箭头代表剥离路径。

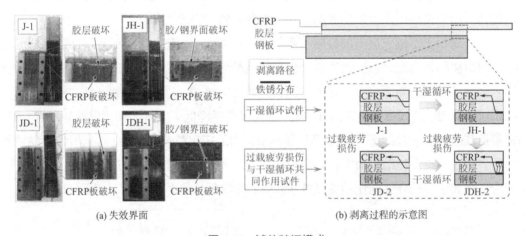

(a) 失效界面　　　　　　　(b) 剥离过程的示意图

图 6-10　试件破坏模式

6.2　干湿循环和过载疲劳损伤作用下 CFRP/钢界面退化机理

6.2.1　微观试件设计及试验方法

当 CFRP/钢试件被加载至失效后，将带有残余胶层的钢板切割成小试块作为扫描电镜（SEM）样品，通过 SEM 观察不同工况下失效试件的界面微观形貌和元素成分来分析界面的退化机理。SEM 样品取自靠近加载端的局部区域，包含粘结胶和钢材两部分。具体取样位置和样品编号如图 6-11 所示，自由面表示可以直接接触溶液的样品表面。对照试件的 SEM 样品为界面破坏位置（位置 a）。过载疲劳损伤试件的 SEM 样品为靠近加载端 20mm 的两个位置（位置 a 和 b）。由于粘结层的自由面会影响吸水，干湿循环试件的 SEM 样品为靠近加载端的三个位置（位置 a、b、d）。过载疲劳损伤和干湿循环共同作用试件的 SEM 为加载端附近的四个位置（位置 a、b、c、d）。为了减少对样品的损坏，采用水切割的方式进行取样。在 SEM 测试中，从位置 b、c、d 获得的 SEM 样品的观察区是粘结胶的切割面；从位置 a 获得的 SEM 样品的观察区（内聚破坏）则是剥离表面。SEM 测试时采用的加速电压为 5.0kV。为了提高观测效果，在进行 SEM 试验之前，所有样品均在真空下进行了镀金处理以提高导电性。

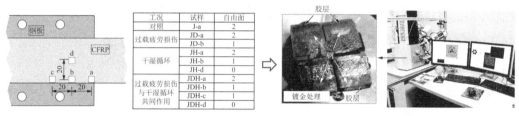

(a) 取样位置及试样编号　　　　　　(b) SEM 和 EDS 测试

图 6-11　试件制作及试验流程

6.2.2　微观试验结果与分析

（1）加载端界面微观形貌

加固构件的力学性能变化是界面退化的宏观表现。为了研究干湿循环和过载疲劳损伤对界面的影响，图 6-12 中展示了各试件在位置 a 处的 SEM 图像。对于对照试件（J），发现有一层薄薄的树脂基体，有明显的纤维痕迹，原因是界面剥离迅速过渡到 CFRP 分层失效，所以失效表面是光滑的，没有裂纹。对于过载疲劳损伤试件（JD），破坏后的剥离界面是碎裂的。这主要是由于在过载疲劳过程中界面疲劳损伤不断累积，导致粘结层产生了不连续裂纹。对于干湿循环暴露的试件（JH），在剥离界面发现了分布宽广、相互交汇的微裂纹。此外，在裂纹交互处，还发现了少量的析出物。对于过载疲劳损伤和干湿循环共同作用的试件的失效界面更加破碎，裂纹更加密集和宽广。此外，更多的析出物出现在剥离的表面。

（2）加载端界面元素及含量

采用能谱仪（EDS）分析试件剥离界面（位置 a）的元素类型和含量。图 6-13 显示了各试件 a 位置的 EDS 结果，其中描述了主要元素的表观浓度和元素含量。从图中可以看出，对于没有干湿循环的试件（J-1 和 JD-1），剥离表面的主要元素是 C、O 和 Si。Si 是粘结胶填料的主要成分之一，主要的目的是增强粘结胶的硬度和耐热性。对于干湿循环暴露的试件（JH-1 和 JDH-1），剥离表明的 O、Cl 和 Fe 元素大大增加，尤其是对于干湿循环和过载疲劳损伤共同作用的试件 JDH-1。原因是过载疲劳引起的胶层裂纹为这些元素提供了移动通道。在干湿循环暴露后，Si 的元素含量明显减少，这意味着粘结胶填料在 NaCl 溶液产生了析出。填充物的析出可能导致干湿循环试件的界面刚度下降。

各试件的元素表观浓度如图 6-14 所示。对于试件 J-1 和 JD-1，Fe 和 Cl 的表观浓度可以忽略不计。但在干湿循环暴露后，这些元素含量大大增加。与试件 J-1 相比，试件 JH-1 中 Fe 和 Cl 的表观浓度分别增大了 56.6 倍和 23 倍，而试件 JDH-1 中 Fe 和 Cl 的表观浓度分别增大了 57.3 和 74 倍。试件 J-1、JH-1 和 JDH-1 中的元素分布如图 6-14 所示。可以清楚地看到，在裂缝位置出现了 Si 含量的减少，O、Fe 和 Cl 的增加。

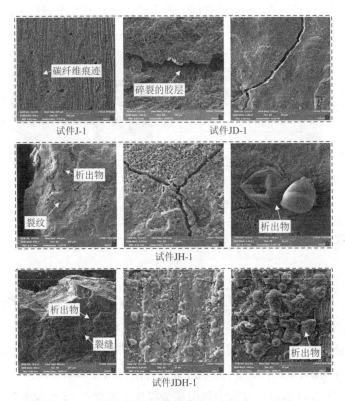

图 6-12　剥离界面的 SEM 图

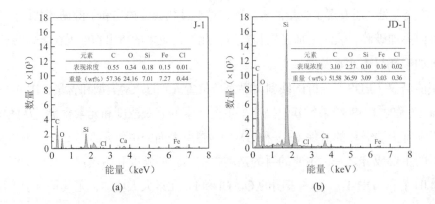

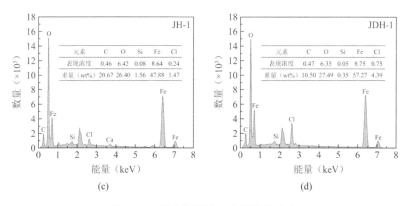

元素	C	O	Si	Fe	Cl
表现浓度	0.46	6.42	0.08	8.64	0.24
重量（wt%）	20.67	26.40	1.56	47.88	1.47

元素	C	O	Si	Fe	Cl
表现浓度	0.47	6.35	0.05	8.75	0.75
重量（wt%）	10.50	27.49	0.35	57.27	4.39

图 6-13　剥离界面的元素类型及分布

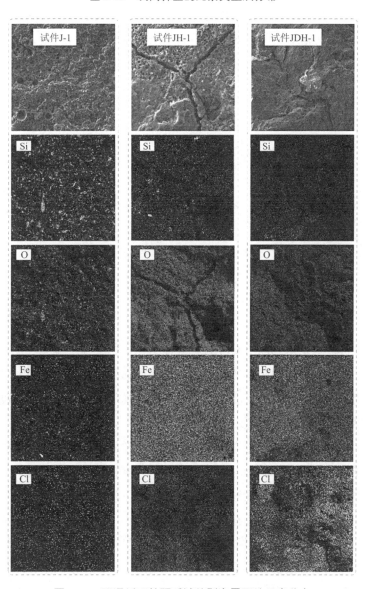

图 6-14　干湿循环处理后试件剥离界面的元素分布

此外，对不同工况下剥离界面的元素含量进行了归一化处理，如图 6-15 所示。与试件 J-1 相比，干湿循环试件的 Fe 和 Cl 的元素含量大大增加，尤其是试件 JDH-1。这是由于过载疲劳导致粘结胶产生了裂纹，从而增加了 NaCl 溶液的渗入速度。因此，这些元素的含量出现了明显改变。然而，C 和 Si 元素的含量却出现了下降，主要的原因是胶粘剂的填料在 NaCl 溶液中产生了析出。

SEM 图像显示裂缝汇合处出现了析出物，而 EDS 数据表明该处 C 元素含量明显下降，而 O 元素含量大大增加。这是在干湿循环暴露时粘结胶中化学反应的结果。根据前期研究[8-9]，环氧树脂在湿热条件下可能会发生化学反应出现水解，如图 6-16 所示。O_2、水分子和氯离子可以破坏 C-C 键，羟基氧化成醛化合物从而生成低强度的析出物。在干湿循环中，环氧树脂分子内的极性基团可以与水分子结合，形成亲水基团的氢键，这可以加速水分子的渗透。因此，粘结胶分子之间的距离增加，表现为材料膨胀，由此产生的不均匀膨胀应力导致了粘结胶出现细小裂缝，这就是干湿循环试件的胶层会形成裂纹的原因。

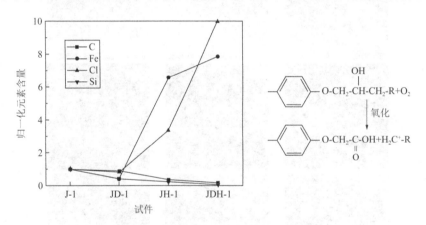

图 6-15　剥离界面归一化元素含量　　　图 6-16　O-H 官能团的氧化反应

结合上述分析，可以得到以下 CFRP/钢界面劣化机制：在干湿循环期间，水和氯离子的联合作用加剧了胶粘层中微裂纹的发展，影响界面的粘结强度。而过载疲劳导致的裂纹加速了水和氯离子的渗透，这进一步削弱了干湿循环暴露下界面的粘结强度。

（3）剥离界面元素分布情况

为了研究剥离界面中的元素分布，对不同位置的样品进行了 EDS 测试。图 6-17 中显示了 Fe 和 Cl 的元素含量。如图所示，Fe 和 Cl 的元素含量在纵向和横向上有所不同。所有的试件在 a 位置表现出最高的元素含量，因为该位置的溶液可以从试件的纵向和横向渗透。对于暴露在干湿循环的试件，在横向上，样品 JH-b 的 Fe 和 Cl 元素含量比样品 JH-d 更高。原因是 CFRP 板覆盖，干湿循环暴露的时间不足以让水和氯离子到达 JH-b 试件粘结层的中间。对于过载疲劳损伤和干湿循环共同作用的试件，在横向上，JDH-b 和 JDH-d 达到了相似的元素含量，表明过载疲劳导致粘结胶产生了裂纹，使腐蚀性离子可以到达胶层的中间。此外，对于过载疲劳损伤和干湿循环共同作用的试件，纵向的 Cl 元素含量随着与加载端距离的增大而逐渐减少（对比位置 a、b 和 c），这表明过载疲劳损伤区域是有限的并且靠近加载端，该发现与之前的研究结果一致[10]。

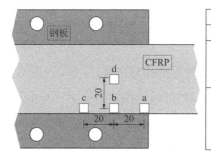

工况	试样	Fe	Cl
对照	J-a	7.27	0.44
干湿循环	JH-a	47.88	1.47
	JH-b	42.56	1.21
	JH-d	2.38	0.33
过载疲劳损伤与干湿循环共同作用	JDH-a	57.27	4.39
	JDH-b	77.89	0.27
	JDH-c	52.51	0.11
	JDH-d	61.88	0.16

图 6-17　剥离界面的元素渗透规律

（4）承载能力及破坏模式的微观解释

从图 6-9 可以发现，关于试件 JD，由于胶层的过载疲劳损伤累积，刚度（增长阶段的斜率）有所下降，而承载能力没有明显的影响。根据 SEM 和 EDS 的结果，可以知道这是因为过载疲劳损伤区仅限于试件的加载端，对整体粘结性能略有影响，这与之前的研究相一致[11]。关于试件 JH，由于水分侵入到胶层中，刚度大大降低，承载能力也随之降低。结合上述 SEM 和 EDS 结果，界面退化的原因是水的侵入导致胶粘剂层中形成微裂纹和低强度产物。关于试件 JDH（同时经受过载疲劳损伤和干湿循环），观察到承载能力进一步下降。

从图 6-10 看出，关于对照组试件，由于本研究中使用了高强度的胶粘剂，界面剥离从胶粘剂层的内聚破坏开始，但立即转变为 CFRP 分层的破坏模式。因此，试件 J-1 的 SEM 图像显示，在剥离的表面上有一层薄薄的树脂基体和明显的纤维痕迹。然而，在不同的处理（过载疲劳损伤和/或干湿循环暴露）下，观察到试件的剥离过程发生了变化。对于过载疲劳损伤试件，发现了类似的剥离发展，但内聚破坏的长度被延长。原因是过载疲劳导致胶粘剂层出现裂纹，正如 SEM 图像所显示的那样，这降低了靠近加载端的胶粘剂的强度。对于干湿循环试件，剥离从粘结胶/钢界面开始，然后变为 CFRP 板的分层。这是因为水分引起的微裂缝导致了钢材与水分的接触，粘结胶/钢界面被进一步降解。此外，由于微裂缝的存在，在脱胶的界面上观察到了铁锈。这一现象与 EDS 发现的干湿循环试件 Fe 元素含量大大增加这一结果一致。

6.3　干湿循环和过载疲劳损伤作用下 CFRP/钢界面本构关系

6.3.1　界面粘结滑移关系

界面粘结-滑移关系（即本构关系）可以通过同一位置处在不同荷载下局部界面剪应力

和相对滑移来获得，可用于评估界面的粘结性能[12]。因为钢材的变形相较于 CFRP 的变形可以忽略不计，因此，界面的相对滑移可视为加载端部 CFRP 板的位移。

图 6-18 展示了不同工况下 CFRP 板纵向应变分布情况。在界面剥离之前，忽略 CFRP 板自由端的滑移，可利用公式(6-1)计算可以计算界面的相对滑移[13]。

$$\delta(x_{i+0.5}) = \frac{(\varepsilon_i + \varepsilon_{i+1})}{4}(x_{i+1} - x_i) + \sum_i^n \frac{(\varepsilon_{i+1} + \varepsilon_{i+2})}{2}(x_{i+2} - x_{i+1}) \tag{6-1}$$

式中：$\delta(x_{i+0.5})$——第 i 个和 $(i+1)$ 个应变片中间点的界面相对滑移。

假设离散区间内的粘结应力分布均匀，则可以通过两个连续的应变片基于公式(6-2)获得界面剪应力[14]。

$$\tau(x_{i+0.5}) = \frac{\varepsilon_i - \varepsilon_{i+1}}{x_{i+1} - x_i} E_f t_f \tag{6-2}$$

式中：$\tau(x_{i+0.5})$——对应于第 i 个位置和第 $i+1$ 个位置之间中点的剪应力；

ε_i——对应于第 i_{th} 个位置的应变；

E_f——CFRP 板的弹性模量；

t_f——CFRP 板的厚度。

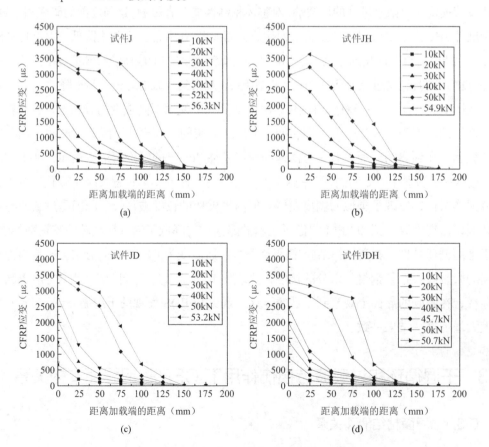

图 6-18 CFRP 板应变发展图

尽管 CFRP/钢节点的粘结-滑移模型已经进行了大量研究，但在湿热暴露或疲劳荷载的 CFRP/钢节点的粘结-滑移模型却相对较少。本章各工况下的界面粘结-滑移关系如图 6-19 所示（以点表示），其中相对滑移和剪应力分别通过式(6-1)和式(6-2)计算得到。与前期研究[12-15]类似，可以看出，所有工况下界面-滑移曲线的上升分支和下降分支都呈现出非线性趋势。粘结-滑移曲线表现出两个特征：①上升分支的粘结-滑移曲线的初始斜率几乎是恒定的，②下降分支的斜率大小随着滑移的增加而先增大后减小[7]。特征①意味着宜使用一个线性方程来描述上升分支的曲线。然而，特征②意味着宜采用一个非线性方程来描述下降分支的曲线。此外，不同工况下的粘结-滑移关系也显著不同。下降分支的尾部与所处条件密切相关，尤其是干湿循环试件。因此，正确处理下降分支对获得可靠的粘结-滑移关系十分关键。

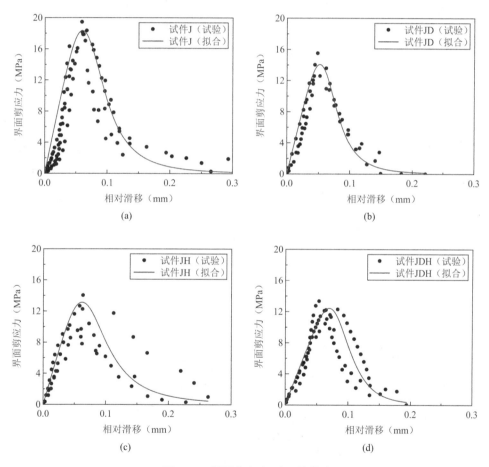

图 6-19　界面应力-相对滑移关系

6.3.2　考虑过载疲劳损伤和干湿循环的粘结-滑移本构模型

为了准确评估 CFRP/钢界面行为，粘结-滑移模型需要具有适当的形状和正确的参数值。图 6-19 中粘结-滑移分布实验结果几乎是平滑的，其特征与 CFRP/混凝土搭接试件的特征相似[16]。CFRP/混凝土搭接试件常采用 Popovics 公式 [式(6-3)] 来给出界面粘结-滑移模型[17]，因此，本研究同样基于这一公式来研究 CFRP/钢节点的本构关系。

$$\tau = \tau_f \frac{\delta}{\delta_f} \frac{n}{(n-1) + \left(\frac{\delta}{\delta_f}\right)^n} \quad (6\text{-}3)$$

式中：τ_f 和 δ_f——峰值剪切应力和相应的局部滑移；

$\quad\quad n$——主要控制下降分支的参数。

首先获得各工况下单剪试件的峰值剪应力和相应的局部滑移，然后通过式(6-3)拟合。如图 6-19 所示，荷载滑移关系的上升分支和下降分支得到了较好的拟合。图 6-20（a）展示了所有的拟合曲线，与试样 J 相比，可以看出过载疲劳损伤和干湿循环暴露削弱了 CFRP/钢界面粘结强度。在过载疲劳损伤和/或干湿循环之后，试样的峰值剪应力降低。此外，与试样 J 相比，过载疲劳损伤试件（JD）的最大相对滑移减小，而干湿循环试件（JH）最大相对滑动增大。对于干湿循环试件（JH），峰值剪应力的值降低，而最大滑移的值增加。这是由于干湿循环引起的粘结胶软化增加了胶粘剂的变形。对于过载疲劳损伤和干湿循环试件（JDH），峰值剪应力下降最大。这是因为过载疲劳损伤引起的损伤区加速了水分渗透，大大降低了粘结强度。

为了使 CFRP/钢界面的粘结滑移关系更直观、更易于应用，将拟合的粘结-滑移曲线转换成了双线性粘结-滑移曲线，如图 6-20（b）所示。转换原理如下[14]：（1）双线性粘结滑移曲线的界面断裂能 G_f、峰值剪应力 τ_f、峰值剪应力对应的滑移量 δ_f 与非线性粘结滑移曲线相同；（2）最大滑移 δ_{max} 按式(6-4)计算：

$$\delta_{max} = \frac{2G_f}{\tau_f} \quad (6\text{-}4)$$

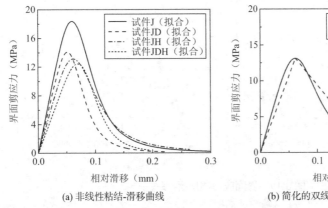
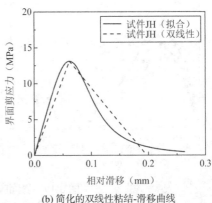

(a) 非线性粘结-滑移曲线　　　　　　　　(b) 简化的双线性粘结-滑移曲线

图 6-20　粘结-滑移曲线

此外，表 6-2 列出了所有试件的非线性粘结-滑移关系的关键参数。对照试件的界面剪切应力峰值 τ_f 为大约 $0.44f_a$（粘结胶的拉伸强度）。与对照试件相比，过载疲劳损伤、干湿循环、过载疲劳损伤和干湿循环共同作用的试件的平均峰值剪切应力 τ_f 分别下降了 23.3%、

28.5%和32.3%。由于CFRP/钢界面中的疲劳诱导微裂纹，过载疲劳损伤试件的局部滑动δ_f减少了13.3%[10]。由于水分渗透导致延展性增加，干湿循环试件的局部滑动增加了3.3%。由于界面的疲劳损伤加速了水分渗透，过载疲劳损伤和干湿循环共同作用的试件的局部滑动增加了16.7%。

界面断裂能（G_f）是表征 CFRP/钢界面粘结性能的另一个因素。G_f可以通过粘结滑移曲线进行积分计算。与对照试件相比，过载疲劳损伤、干湿循环、过载疲劳损伤和干湿循环共同作用的试件的G_f分别下降了 39.4%、20%和36.1%。共同作用试件的G_f略大于过载疲劳损伤试件的G_f，这可能是由于过载疲劳损伤的 CFRP/钢界面加速水分的渗透，但水分的存在导致环氧树脂中形成多点互连和伪交联[18]。双线性粘结-滑移曲线的参数也列于表 6-2 中，可为 CFRP 加固钢结构在过载疲劳损伤和干湿循环下的界面剥离评估提供参考。

粘结-滑移曲线关键参数　　　　　　　　　　表 6-2

试件工况	非线性模型参数			G_f（N/mm）	双线性模型参数		
	τ_f（MPa）	δ_f（mm）	n		τ_f（MPa）	δ_f（mm）	δ_{max}（mm）
对照	18.35	0.060	4.839	1.618	18.35	0.060	0.177
过载疲劳损伤	14.07	0.052	5.376	0.980	14.07	0.052	0.139
干湿循环	13.12	0.062	4.331	1.295	13.12	0.062	0.197
共同作用	12.43	0.070	6.229	1.034	12.43	0.070	0.166

6.4　小结

本章通过单剪试验研究了过载疲劳损伤和干湿循环对 CFRP/钢节点粘结性能的影响，探明了 CFRP/钢界面行为、粘结-滑移关系以及界面退化机制。得到的主要结论如下：

（1）过载疲劳损伤在加载端引入了界面损伤区，降低了界面刚度，但对承载力影响不大。干湿循环暴露能降低界面刚度和承载能力。此外，过载疲劳引起的损伤区可加速干湿循环暴露期间的水分渗透，进一步降低 CFRP/钢界面的刚度和承载能力。此外，由于过载疲劳损伤和/或干湿循环造成的界面损伤，界面剥离路径发生了变化。

（2）SEM 试验观测得到的界面裂纹特征表明，过载疲劳损伤在胶层中引入了局部裂纹，干湿循环在胶层中引起了分布较广且相互交错的微裂纹，而过载疲劳和干湿循环共同作用则导致了更大且广泛分布的裂纹，裂纹汇集处出现析出物。

（3）EDS 试验观测得到的各元素分布结果表明，干湿循环导致水分渗透至 CFRP 板四周的界面，但不足以到达胶层的中间，过载疲劳损伤产生的裂纹能加剧 NaCl 溶液的渗透。水分侵入破坏了环氧树脂的 C-C 链，羟基氧化形成了低强度析出物。此外，亲水基团加速了水分的渗透，导致膨胀应力不均匀，并导致粘结胶中出现交错的微裂纹。此外，超载疲劳引起的裂纹加剧了这一过程，进一步降低界面强度。

（4）提出了考虑过载疲劳损伤和干湿循环暴露的粘结-滑移模型，并揭示了关键参数的变化趋势。对各工况下荷载-滑移曲线的上升分支和下降分支进行非线性拟合，然后转换为双线性粘结-滑移模型。与对照试样相比，过载疲劳损伤、干湿循环以及二者共同作用的试样的峰值剪切应力分别降低了 19.1%、24.9%和 28.5%。过载疲劳损伤试件的滑移率下降了 11.9%，干湿循环试件和共同作用下的试件的滑动率分别上升了 5.1%和 18.6%。

参考文献

[1] WANG Y, LI J, DENG J, LI S. Bond behaviour of CFRP/steel strap joints exposed to overloading fatigue and wetting/drying cycles[J]. Engineering Structures, 2018, 172: 1-12.

[2] BÖER P, HOLLIDAY L, KANG T. Independent environmental effects on durability of fiber-reinforced polymer wraps in civil applications: A review[J]. Construction and Building Materials, 2013, 48(11): 360-370.

[3] LU Z, LI J, XIE J, et al. Durability of flexurally strengthened RC beams with prestressed CFRP sheet under wet-dry cycling in a chloride-containing environment[J]. Composite Structures, 2021, 255: 112869.

[4] LI J, ZHU M, DENG J. Flexural behaviour of notched steel beams strengthened with a prestressed CFRP plate subjected to fatigue damage and wetting/drying cycles[J]. Engineering Structures, 2022, 250: 113430.

[5] DENG J, LI J, ZHU M. Fatigue behavior of notched steel beams strengthened by a prestressed CFRP plate subjected to wetting/drying cycles[J]. Composites Part B: Engineering, 2022, 230: 109491.

[6] LI J, XIE Y, ZHU M, et al. Degradation mechanism of steel/CFRP plate interface subjected to overloading fatigue and wetting/drying cycles[J]. Thin-Walled Structures, 2022, 179: 109644.

[7] HE J, XIAN G. Bond-slip behavior of fiber reinforced polymer strips-steel interface[J]. Construction and Building Materials, 2017, 155: 250-258.

[8] WANG Y, LIU Y, XIAO K, et al. The effect of hygrothermal aging on the properties of epoxy resin[J]. Journal of Electrical Engineering and Technology, 2018, 13(2): 892-901.

[9] WANG M, XU X, JI J, et al. The hygrothermal aging process and mechanism of the novolac epoxy resin[J]. Composites Part B: Engineering, 2016, 107: 1-8.

[10] BORRIE D, AL-SAADI S, ZHAO X, et al. Bonded CFRP/Steel Systems, Remedies of Bond Degradation and Behaviour of CFRP Repaired Steel: An Overview[J]. Polymers, 2021, 13(9): 1533.

[11] WU C, ZHAO X, CHIU W, et al. Effect of fatigue loading on the bond behaviour between UHM CFRP plates and steel plates[J]. Composites Part B: Engineering, 2013, 50: 344-353.

[12] HE J, XIAN G. Debonding of CFRP-to-steel joints with CFRP delamination[J]. Composite Structures, 2016, 153: 12-20.

[13] HE J, XIAN G, ZHANG Y. Numerical modelling of bond behaviour between steel and CFRP laminates with a ductile adhesive[J]. International Journal of Adhesion and Adhesives, 2021, 104: 102753.

[14] PANG Y, WU G, WANG H, et al. Bond-slip model of the CFRP-steel interface with the CFRP delamination failure[J]. Composite Structures, 2021, 256: 113015.

[15] WANG H, LIU S, LIU Q, et al. Influences of the joint and epoxy adhesive type on the CFRP-steel interfacial behavior[J]. Journal of Building Engineering, 2021, 43: 103167.

[16] TOUTANJI H, UENO S, VUDDANDAM R. Prediction of the interfacial shear stress of externally bonded FRP to concrete substrate using critical stress state criterion[J]. Composite Structures, 2013, 95: 375-380.

[17] POPOVICS S. A numerical approach to the complete stress-strain curve of concrete. Cement & Concrete Research. 1973; 3: 583-599.

[18] ZHOU J, LUCAS J. Hygrothermal effects of epoxy resin. Part I : the nature of water in epoxy. Polymer. 1999; 40: 5505-5512.

第 7 章

预应力 CFRP 加固梁的耐久性

外贴预应力碳纤维增强聚合物（CFRP）板能有效提高钢梁的承载力和疲劳性能。但干湿循环会对加固结构的锚具和界面造成侵蚀，影响 CFRP 板的预应力及锚具的可靠性。此外，过载疲劳和干湿循环的共同作用会进一步给加固钢梁的耐久性带来不利影响，而相关研究相对欠缺。本章研究了干湿循环下预应力 CFRP 加固缺陷钢梁的预应力损失规律、过载疲劳和干湿循环共同作用下加固梁抗弯性能及疲劳性能的退化规律。

7.1 干湿循环下预应力 CFRP 板加固缺陷钢梁的预应力损失分析

7.1.1 试验材料与性能

加固钢梁采用 H 形截面的热轧钢梁，如图 7-1 所示。为了模拟疲劳裂纹，在底部翼缘和腹板上预设一个深度为 18mm 的初始缺陷[1-2]。为了避免局部屈曲，在支撑点和加载点部位分别焊接 2 个加劲板。钢梁的张拉翼缘末端一共钻了 16 个螺孔，用于连接端部锚板从而固定 CFRP 板。为实现更好的端部锚固效果，CFRP 板的两面都涂有粘结胶，并使用高强螺栓来固定端部锚板和钢梁。为了方便 CFRP 板的张拉，本研究采用了两端带有锚头 CFRP 板，如图 7-2 所示。CFRP 的宽度和厚度分别为 50mm 和 2mm。两端锚之间的粘结长度为 800mm。采用双组分的粘结胶来粘贴 CFRP 板，混合比为 2∶1（质量）。根据相应的规范，测得钢材的弹性模量为 197.3GPa，屈服强度为 258.8MPa；测得的 CFRP 弹性模量为 183.2GPa，极限强度为 2239.5MPa；测得的粘结胶的弹性模量为 5.7GPa，极限强度为 39.2MPa。

7.1.2 试件设计

为了研究干湿循环下预应力 CFRP 加固缺陷钢梁的预应力损失规律、过载疲劳和干湿循环共同作用下加固梁抗弯性能及疲劳性能的退化规律。共设计了 13 个 CFRP 加固缺陷钢梁试件，试件如表 7-1 所示。为了便于识别，对试件进行了编号，其中，B、P、F 和 H 的大写分别表示受损钢梁、预应力 CFRP、过载疲劳损伤和干湿循环。B0 为未加固钢梁，B1 为无端部锚固系统的 CFRP 加固钢梁。试件表中，部分试件（BP2、BP2F、BP2H、BP2FH）首先用于预应力损失监测，随后用于抗弯性能研究。

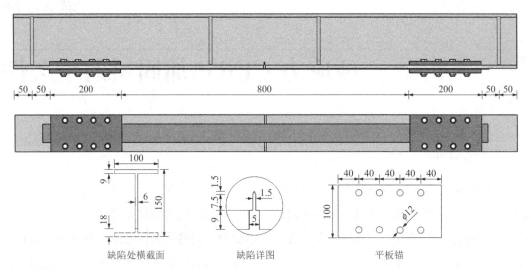

图 7-1 试件尺寸（单位：mm）

图 7-2 带有端部锚头的 CFRP 板

试件参数 表 7-1

试件	是否加固	预应力（kN）	端锚	过载疲劳损伤（次）	干湿循环（d）	加载方式
B0	否	0	无	0	0	静载
B1	是	0	无	0	0	静载
BP0	是	0	有	0	0	静载
BP0F	是	0	有	400	0	静载
BP2	是	56	有	0	0	静载
BP2F	是	56	有	400	0	静载
BP2F-1	是	56	有	400	0	静载
BP2H	是	56	有	0	90	静载
BP2FH	是	56	有	400	90	静载
B2	是	0	有	—	0	疲劳
BP	是	25	有	—	0	疲劳
BPH	是	25	有	—	90	疲劳
BP-1	是	25	有	—	0	疲劳

7.1.3　试件制作

1）预应力张拉装置

为了预应力施加的方便，本章自主研发了一套预应力张拉装置。张拉装置由试件放置部分和预应力施加部分组成，如图 7-3 所示。试件放置部分由两块立板、四根压杆及调节支座组成，调节支座可以使钢梁在水平和垂直方向内移动。而预应力施加部分由立板、千斤顶、两根拉杆及挡板组成，拉杆能与 CFRP 板的张拉端连接。在预应力张拉过程中，拉杆两端分别连接挡板与 CFRP 板的张拉端锚头并用螺栓固定，通过千斤顶推挡板，从而对预应力进行张拉。

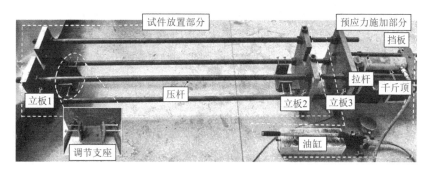

图 7-3　预应力张拉装置

2）试件制作过程

与第 4.2 节中缺陷钢梁的加固方式有所区别，本章的预应力 CFRP 加固缺陷钢梁制作工序如下：

（1）首先在 CFRP 板的非粘结面粘贴应变片用于监测张拉过程中的预应力水平。然后将钢梁放置在调节支座上，用马克笔在钢梁受拉翼缘上标记待加固区域。接下来将 CFRP 板安装在张拉装置上，用拉杆将 CFRP 板的张拉端和挡板相连，并用螺栓锁住，如图 7-4 所示。然后用布基胶带粘结钢梁未加固区及 CFRP 板的非粘结面，确保涂胶完成后其他部位清洁。

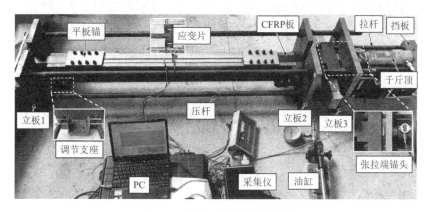

图 7-4　预应力钢梁张拉过程

（2）CFRP 板安装完成后用千斤顶施加较小拉力，使 CFRP 板处于拉直的状态，然后通过调节支座对钢梁的高低进行调整，使得待加固翼缘与 CFRP 板的间距至 1mm，再水平调节使钢梁加固区域与碳板重合，随即拧紧调节支座上水平限位螺栓固定钢梁。接下来再对千斤顶卸载并取下 CFRP 板，用无水乙醇擦洗钢梁加固区域和 CFRP 板粘结表面。

（3）同时用电子秤按粘结胶的比例称取相应重量的粘结胶，并掺入重量比例为 1%的小玻璃珠（直径为 1mm），低速搅拌均匀。

（4）把搅拌好的粘结胶均匀涂抹于钢梁加固区域，然后再次安装 CFRP 板，采用千斤顶缓慢对 CFRP 板进行张拉至设计预应力，锁紧立板 3 处拉杆上的螺母，防止千斤顶自动卸力而引起预应力损失。

（5）采用扭力扳手安装端部锚板并施加预紧力，采用 85N·m 扭矩值，保证端部锚板的预紧力大小一致。随后用刮刀及时清理 CFRP 板及端部锚板的溢胶。

（6）待碳板胶固化 24h 后，拧松拉杆上螺母，卸载千斤顶，切除 CFRP 板两端的锚头，完成 CFRP 板对钢梁的预应力加固，加固后的钢梁如图 7-5 所示。

3）干湿循环老化

本章同样采用大型干湿循环试验系统对加固梁进行加速老化试验，具体试验方法参考第 5.1 节。在第 5.3 节的研究中发现，在 90 次干湿循环处理后，加固梁力学性能发生了明显退化，但之后的 90 次干湿循环后，其力学性能基本不变。因此本章考虑试件干湿循环次数为 90 次。试件在放入干湿循环系统之前对除了粘结面之外的其他部位均做了防腐处理。干湿循环下的试件如图 7-6 所示，采用光纤光栅传感器监测干湿循环下 CFRP 板的预应力损失规律。

图 7-5　张拉完成的试件　　　　　　　图 7-6　干湿循环暴露下的试件

7.1.4　预应力监测方案

张拉过程中和放张瞬间的预应力变化由应变片来监测。由第二章理论结果可知，越靠近缺陷处 CFRP 板的预应力越小，因此，在 CFRP 板上一共布置了 4 个应变片来监测，其中部分试件只布置了跨中 2 个应变片，如图 7-7 所示。本章定义缺陷处 CFRP 板的应变值占其极限抗拉应变的比值表示有效预应力的大小。张拉过程中应变用东华采集仪采集并显示，采集频率为 1Hz。

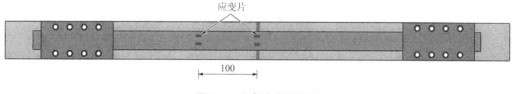

图 7-7 应变片布置方案

中长期预应力损失监测包括实验室环境和干湿循环两种工况。由于电阻式应变片容易受外界环境腐蚀且采集仪器无法很长时间的工作，不适用于结构的实时长期监测。而光纤光栅传感器（FBG）可以实现对温度、应变等物理量的直接测量，具有灵敏度高、耐腐蚀、长期稳定性好等诸多优点，适合实时、连续监测结构在长期工作下应变变化情况[3-4]。本章同样采用外贴光纤光栅传感器进行中长期预应力监测。CFRP 板上光纤光栅测点的布置图如图 7-8 所示，光纤光栅测量系统的示意图如图 7-9。采用的 SMF-28e 聚酰亚胺涂覆光纤光栅如图 7-10 所示，因为光纤光栅比较脆弱，容易折断，实验中对光栅测点以外的部分采用塑料保护套管进行保护，防止使用过程中拉断损坏，并提高光纤光栅的抗腐蚀能力。监测采用的光纤光栅解调设备为 LC-FBG-DS400 型光纤光栅解调仪[3]，如图 7-11 所示。光纤光栅布拉格波长的变化与应变量及温度相关，监测过程中采用红外测温仪对各个测点的温度进行记录。红外测温仪如图 7-12 所示。

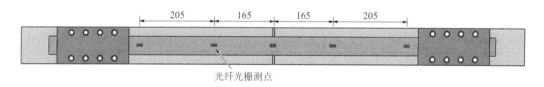

图 7-8 光纤光栅测点布置图

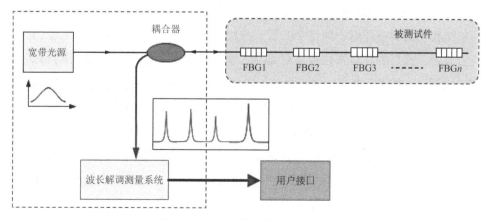

图 7-9 光纤光栅测量系统示意图

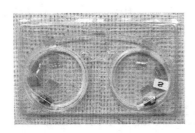

| 图 7-10　光纤光栅 | 图 7-11　光纤光栅解调系统 | 图 7-12　红外测温仪 |

7.1.5　预应力损失结果与分析

（1）CFRP 板预应力张拉初始值

由材料性能试验测得 CFRP 板的抗拉强度为 2239.5MPa，实验选取预应力张拉水平 25% 时的强度为 CFRP 板极限强度，即 560MPa，对应的应变为 3060με。因为锚具滑移、CFRP 板回缩都会导致预应力损失，在实际张拉过程中，对 CFRP 板进行了一定量的超张拉。

用千斤顶张拉 CFRP 板到应变超过设计应变值后，固定拉杆螺栓，然后安装端部锚具，当端部锚具安装完成后，记录相关应变值，取应变片的平均值为初始应变值。各试件张拉结果及超张拉如表 7-2 所示，最大超张拉率为 3.2%。

<table>
<tr><td colspan="5" align="center">CFRP 板张拉应变值　　　　　　　　　　　　　　　　表 7-2</td></tr>
<tr><td rowspan="2" align="center">试件编号</td><td colspan="2" align="center">设计值</td><td rowspan="2" align="center">张拉完成应变（με）</td><td rowspan="2" align="center">超张拉率（%）</td></tr>
<tr><td align="center">应力（MPa）</td><td align="center">应变（με）</td></tr>
<tr><td align="center">BP2</td><td rowspan="4" align="center">560</td><td rowspan="4" align="center">3060</td><td align="center">3180</td><td align="center">1.0</td></tr>
<tr><td align="center">BP2F</td><td align="center">3452</td><td align="center">3.2</td></tr>
<tr><td align="center">BP2FH</td><td align="center">3345</td><td align="center">2.3</td></tr>
<tr><td align="center">BP2H</td><td align="center">3184</td><td align="center">1.0</td></tr>
</table>

（2）CFRP 板预应力放张瞬时变化

当粘结胶在实验室环境下固化 24h 后，拧松拉杆上螺母，卸载千斤顶，对 CFRP 板进行预应力放张，此目的是将张拉装置对 CFRP 板施加的预应力通过固化的胶层及端部锚具转移到加固钢梁。在预应力进行放张之前，对 CFRP 板的应变再次进行记录，随后对 CFRP 板预应力进行放张，当千斤顶完全卸力后，再次记录 CFRP 板的应变，缺陷处及离缺陷 100mm 处 CFRP 板的应变变化情况如表 7-3 所示，从表中可以看出，放张后的缺陷处应变变化量较大，主要原因是，缺陷截面处钢梁的抗弯刚度减小产生的反拱导致缺陷张开角变小，进而导致 CFRP 板回缩较大，因此应变变化最大。而跨中缺陷和离缺陷 100mm 处两个位置的剩余预应力相差较大，在缺陷处的平均剩余预应力为 18.9%，与设计预应力 25% 相比，下降了 6.1%；而距离缺陷 100mm 处的平均剩余预应力为 23.2%，与设计预应力相比，只下降了 1.8%，这部分变化主要是由于 CFRP 加固后整个钢梁压缩和弯曲造成的，说明端部锚具对预应力的维持效果较好。

放张后 CFRP 应变值变化　　　　　　　　　　　表 7-3

试件编号	张拉完成应变（με）	缺陷处应变		剩余预应力（%）	距缺陷 100mm 处应变		剩余预应力（%）
		放张前应变（με）	放张后应变（με）		放张前应变（με）	放张后应变（με）	
BP2	3180	3101	2255	18.4	3183	2894	23.7
BP2F	3452	3216	2242	18.3	3208	2851	23.3
BP2FH	3345	3336	2355	19.2	3296	3030	24.8
BP2H	3184	3175	2273	18.6	3212	2700	22.1

（3）中长期 CFRP 板预应力变化

在端部锚具拧紧后，预应力放张之前，用 Araldite 胶水将光纤光栅传感器沿着 CFRP 板纵向进行粘结，当 CFRP 板卸力放张后，立即采集光纤光栅的波长，并作为预应力加固试件中长期预应力损失的初始波长值。长期预应力变化监测的试件为实验室环境下的试件 BP2 和干湿循环下的试件 BP2H。两个试件随着时间变化的光纤光栅波长值如表 7-4 和表 7-5 所示。

试件 BP2H 光纤光栅波长随时间变化情况　　　　　　　表 7-4

时间（d）	温度（℃）	光纤光栅波长（Pm）				
		测点 1	测点 2	测点 3	测点 4	测点 5
0	27.6	1530.17	1539.63	1548.976	1559.37	1569.111
1	28.7	1530.184	1539.642	1548.975	1559.382	1569.133
2	27.8	1530.17	1539.619	1548.955	1559.348	1569.098
3	30.4	1530.21	1539.669	1549.015	1559.406	1569.159
4	30.6	1530.213	1539.67	1549.019	1559.409	1569.155
5	30.7	1530.213	1539.672	1549.02	1559.407	1569.148
6	31.8	1530.224	1539.694	1549.05	1559.434	1569.173
7	30.8	1530.213	1539.628	1549.044	1559.419	1569.156
8	32.4	1530.223	1539.71	1549.07	1559.444	1569.182
17	30.9	1530.189	1539.674	1549.053	1559.404	1569.14
18	31.7	1530.213	1539.71	1549.086	1559.419	1569.158
22	32.2	1530.207	1539.71	1549.121	1559.432	1569.179
26	31.9	1530.199	1539.702	1549.122	1559.416	1569.174

时间（d）	温度（℃）	光纤光栅波长（Pm）				
		测点 1	测点 2	测点 3	测点 4	测点 5
30	30.7	1530.172	1539.667	1549.104	1559.371	1569.14
38	28.9	1530.146	1539.536	1549.052	1559.35	1569.119
49	35.6	1530.222	1539.721	1549.232	1559.538	1569.301
67	33.5	1530.172	1539.666	1549.233	1559.465	1569.223
78	33.2	1530.167	1539.644	1549.225	1559.444	1569.225

试件 BP2 光纤光栅波长随时间变化情况　　　　　表 7-5

时间（d）	温度（℃）	光纤光栅波长（Pm）				
		测点 1	测点 2	测点 3	测点 4	测点 5
1	28.7	1530.108	1539.837	1549	1559.588	1569.276
2	27.7	1530.084	1539.798	1548.971	1559.529	1569.262
3	30.1	1530.133	1539.864	1549.027	1559.582	1569.307
4	30.6	1530.138	1539.87	1549.03	1559.583	1569.326
5	30.9	1530.145	1539.864	1549.028	1559.579	1569.331
6	32.1	1530.168	1539.891	1549.055	1559.604	1569.350
7	31.4	1530.152	1539.871	1549.044	1559.585	1569.329
8	32.3	1530.169	1539.889	1549.065	1559.608	1569.353
16	30.4	1530.125	1539.831	1549.036	1559.547	1569.314
17	30.2	1530.123	1539.82	1549.031	1559.538	1569.322
21	31.3	1530.144	1539.853	1549.061	1559.563	1569.345
25	31.6	1530.152	1539.867	1549.078	1559.573	1569.337
29	29.8	1530.111	1539.831	1549.032	1559.511	1569.294
37	30.2	1530.113	1539.815	1549.045	1559.529	1569.325
48	32.3	1530.17	1539.871	1549.101	1559.587	1569.361
66	31.2	1530.143	1539.847	1549.087	1559.548	1569.316
77	31.1	1530.137	1539.837	1549.085	1559.545	1569.319

　　由于影响光纤光栅波长的因素有被测物体的应变量和温度，通过光纤光栅的反射波长与其轴向应变、温度呈线性关系，可以得出光纤光栅波长与应变的转化公式，即式(4-35)。

　　由于钢梁变形受温度变化影响较大，在考虑预应力损失时需要修正温度引起钢梁变形而产生的 CFRP 板应变。用第 2 章的 CFRP 板轴力计算公式(2-26)，可得到温度变化而产生的 CFRP 板应变值。CFRP 板的实际应变损失值为光纤光栅实测值减去温度产生的 CFRP 板应变值。表 7-6 和表 7-7 为干湿循环试件 BP2H 和未湿热处理试件 BP2 的中长期 CFRP 板预应力变化值。

BP2H 试件预应力 CFRP 板应变变化规律

表 7-6

时间（d）	光纤光栅实测值（με）	温度引起的应变值（με）	实际变化值（με）	变化比例（%）
0	0	0	0	0
1	2.3	10.7	−8.4	−0.37
2	−8.9	1.9	−10.8	−0.47
3	7.5	27.3	−19.8	−0.86
4	6.6	29.2	−22.6	−0.98
5	4.8	30.2	−25.4	−1.11
6	11.1	40.9	−29.8	−1.3
7	0.1	31.2	−31.1	−1.35
8	12.5	46.8	−34.3	−1.49
17	−2.1	32.1	−34.2	−1.49
18	7.7	39.9	−32.2	−1.41
22	8.8	44.8	−36	−1.57
26	4.8	41.9	−37.1	−1.62
30	−10.1	30.2	−40.3	−1.76
38	−30.6	12.7	−43.3	−1.88
49	26.8	77.9	−51.1	−2.23
67	−0.8	57.5	−58.3	−2.54
78	−6.3	54.5	−60.8	−2.65

BP2 试件预应力 CFRP 板应变变化规律

表 7-7

时间（d）	光纤光栅实测值（με）	温度引起的应变值（με）	实际变化值（με）	变化比例（%）
0	0	0	0	0
1	−15.5	−10.7	−4.8	−0.21
2	3	15	−12	−0.53
3	4.6	20.4	−15.8	−0.69
4	2.9	23.6	−20.7	−0.91
5	10.1	36.4	−26.3	−1.15

时间（d）	光纤光栅实测值（με）	温度引起的应变值（με）	实际变化值（με）	变化比例（%）
6	2.4	28.9	−26.5	−1.16
7	9.7	38.6	−28.9	−1.26
16	−10.5	18.2	−28.7	−1.26
17	−11.4	16.1	−27.5	−1.2
21	−2.2	27.9	−30.1	−1.32
25	−0.3	31.1	−31.4	−1.37
29	−17.8	11.8	−29.6	−1.3
37	−14.9	16.1	−31	−1.36
48	4.7	38.6	−33.9	−1.48
66	−9.9	26.8	−36.7	−1.61
77	−11.8	25.7	−37.5	−1.64

从表 7-6 到表 7-7 的数据可以看出，试件 BP2 和试件 BP2H 的预应力损失主要发生在前 7d，分别为 28.9με 和 31.1με，随后趋于平稳，此阶段的预应力损失主要原因为界面胶层未完全固化导致端部锚具处 CFRP 板产生了微量滑移。当试件 BP2H 在室温下养护 17d 后放置于干湿循环池中，出现了预应力损失的快速增长，CFRP 板上的应变增加了 29.7με。在 78d 时间内，试件 BP2H 和试件 BP2 的 CFRP 板的预应力变化分别为 60.8με 和 37.7με，相比于放张完后的应变分别增加了 2.65% 和 1.64%。CFRP 板应变随时间变化如图 7-13 所示，可以看出当试件置于干湿循环后，应变的变化速度受到的影响较大，预应力损失不断增加，主要的原因为界面吸湿后界面软化，界面粘结性能不断下降，同时缺陷截面钢梁也受到一定腐蚀，抗弯刚度减小，导致 CFRP 板不断缓慢收缩。但总体变化量仍较小，并呈现变化速度变缓的现象，说明端部锚具在干湿循环下也能有效地锚固并维持 CFRP 板的预应力。

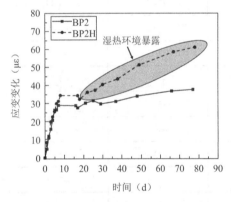

图 7-13 中长期应变变化-时间曲线

7.2 干湿循环和过载损伤作用下预应力 CFRP 加固缺陷钢梁抗弯承载力研究

7.2.1 试件过载疲劳损伤处理

首先通过静载试验获得试件 BP0 的界面剥离荷载 P_d，随后以幅值为 $(0.1\sim0.5)P_d$ 的往复循环荷载对预应力 CFRP 加固缺陷钢梁进行过载疲劳损伤处理，损伤次数为 400 次。在损伤处理前先对 CFRP 加固缺陷钢梁预加载 10kN，以消除试件与支座及试验机之间的接触间隙。而后采用位移控制加载到超载疲劳上限 $0.5P_d$，加载速度为 0.05mm/min，记录下对应的曲线后卸载到预加荷载值。然后采用力控加载，加载上限为 $0.5P_d$，加载下限为 $0.1P_d$，加载频率为 0.1Hz，循环 400 次。为了监测过载疲劳损伤过程中裂纹尖端及粘结界面的应变变化情况，将应变片布置在缺陷处的 CFRP 板上和钢梁裂纹尖端，其布置如图 7-14 所示。试件的过载疲劳损伤采用 SDS500 电液伺服动静万能试验机进行，均为四点弯曲加载。

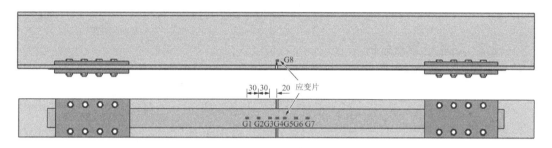

图 7-14　超载疲劳处理过程中的应变片布置（单位：mm）

由于并不具备干湿循环和疲劳荷载并行作用的大试件试验条件，本章中过载疲劳损伤和干湿循环共同作用的试件首先经受过载疲劳损伤，随后再按照上节的干湿循环条件进行 90 次加速老化。在干湿循环之前对试件进行防腐处理。干湿循环 90 次后的试件如图 7-15 所示。

图 7-15　环境暴露后的试件

7.2.2　试件加载及测量方案

在伺服液压试验机 SDS500 中进行四点弯曲试验，加载仪器和采集系统如图 7-16 所示。采用位移控制加载，加载速率为 0.05mm/s。在加载过程中，使用频率为 1Hz 的数据记录器（东华 DH3820）记录荷载、挠度和应变。在加载过程中，同步采样相机以 0.5Hz 的拍摄频率来监测缺陷位置处的界面剥离过程和腹板开

图 7-16　加载装置及数据采集系统

裂过程，相机开始拍摄时间应尽可能与设备正式开始加载时间一致。CFRP 板和钢梁的应变布置如图 7-17 所示。

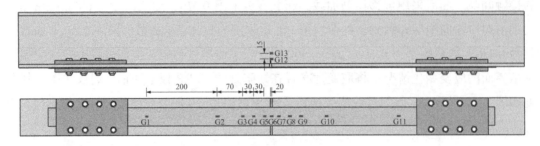

图 7-17 应变片布置图（单位：mm）

7.2.3 试验结果及分析

（1）过载疲劳损伤过程

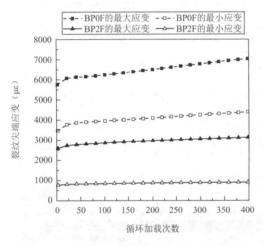

图 7-18 循环加载中裂纹尖端应变发展规律

根据试件 BP0 的剥离荷载，对试件（BP0F、BP2F 和 BP2FH）重复加载 400 次以完成过载疲劳损伤累积，荷载范围为 13.3～66.6kN。在往复加载过程中，记录同一循环中缺陷尖端的最大和最小应变，以评估预应力对应力集中的影响。如图 7-18 所示，两个试件的最大和最小应变随着疲劳循环而增加。对于试件 BP0F（无预应力），400 次疲劳循环后，最大应变从 5767με升至 7046με，而对于试件 BP2F（有预应力），在 400 次疲劳循环后，最大应变从 2598με增至 3139με。400 次疲劳循环后，BP2F 缺陷尖端的最大应变约为 BP0F 的 45%。此外，BP2F 的应变范围（同一疲劳循环中最小应变和最大应变之间的范围）的变化是 BP0F 的 42.3%。这意味着预应力加固可以减少应力集中，减少过载疲劳累积损伤。

CFRP 板应变在过载疲劳中的发展如图 7-19 所示。如图所示，缺陷（G3、G4 和 G5）周围的 CFRP 应变首先增加，然后几乎稳定，表明界面过载疲劳损伤在早期疲劳加载阶段引入，并随着疲劳循环逐渐累积。此外，试件 BP2F 的 G3、G4 和 G5 应变片的最大应变低于试件 BP0F 的应变片。原因是预应力 CFRP 加固产生了预应力拱度，可以抵消部分荷载。界面剪应力分布与相应的 CFRP 应变梯度呈正相关。这表明预应力 CFRP 加固可以降低界面应力，这与第二章所述理论结果一致。

（2）荷载-挠度关系

图 7-20 中比较了各试件的荷载-挠度曲线。与试件 B0 相比，CFRP 加固后呈现出更长

的弹性阶段和更高的刚度。典型的荷载-挠度关系可以用试件 BP2 来描述。在界面剥离之前，荷载挠度曲线呈明显的线性关系。当荷载增加到 147.1kN 时，相机监测到胶粘层的剥离。随着荷载增加到 156.6kN，由于左侧纯弯曲部分的瞬间剥离，观察到荷载突然下降。由于在加载点和端部锚固板的界面仍有良好的粘结，试件可以进一步承受荷载。当荷载再次增加到 156.2kN 时，CFRP 板完全剥离，荷载表现出突降。由于端部锚固的存在，试件仍然可以承受荷载。当荷载增加到 161.5kN 时，CFRP 板从端部锚固处滑落，加固后的梁不能承受荷载。与试件 BP0（有端部锚固）和 B1（无端部锚固）相比，试件 B1 在第一个荷载突然下降段后仅仅进一步承担稍小的荷载，然后 CFRP 板就完全从钢梁上剥离。这表明端部锚固可以进一步提高极限承载力。

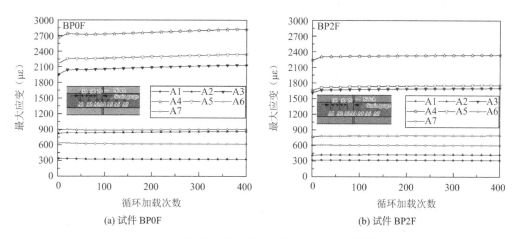

(a) 试件 BP0F　　　　　　　　　　　　(b) 试件 BP2F

图 7-19　循环加载中裂纹尖端最大应变发展规律

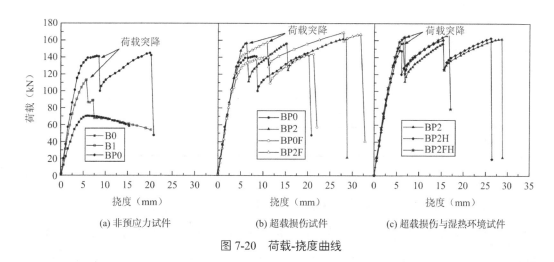

(a) 非预应力试件　　　　(b) 超载损伤试件　　　　(c) 超载损伤与湿热环境试件

图 7-20　荷载-挠度曲线

由于 400 次循环加载并未导致加固梁缺陷尖端出现裂缝，因此，加固试件的初始刚度受过载疲劳损伤的影响很小，但第一次突然脱胶的挠度增加了，因为胶层出现了软化。对于过载疲劳损伤和干湿循环共同作用的试件，初始阶段的刚度几乎不受影响，但第一次突然脱胶的挠度与未受影响的试件接近。此外，预应力 CFRP 加固梁的极限挠度明显增大，说明试件的延展性明显增强。由于干湿循环对界面的影响，试件 BP2FH 在一侧剥离后失效，导致极限挠度较小。

从图 7-20 来看，刚度（荷载-挠度的弹性阶段的斜率）也可以反映出加固效果。与 B0（无加固）相比，加固后的试件可以有效地提高初始刚度约 2.2 倍。然而，对于用预应力 CFRP 板加固的试件，没有观察到刚度的进一步增加，这与其他相关研究结论一致[5-6]。加固梁的刚度主要受 CFRP 的力学性能影响[7]，但受预应力水平的影响较小[5]。

（3）试件承载力

表 7-8 中总结了剥离荷载、腹板开裂荷载和极限荷载。加载过程中，将相机监测到胶层和腹板开裂时的荷载定义为胶层的剥离荷载和腹板开裂荷载，试件失效的荷载定义为极限荷载。CFRP 加固后腹板开裂荷载和极限荷载大大增加，随着预应力的施加，这些荷载还可以进一步提高。其中 B1 的剥离荷载远小于 BP0 的原因是 B1 的胶层在弯曲试验前没有完全固化，说明胶层的固化时间对加固结构的力学性能有很大影响。

试件测试结果

表 7-8

试件	界面剥离荷载（kN）	腹板开裂荷载（kN）	极限荷载（kN）
B0	—	67.5	70.8
B1	81.3	85	89
BP0	133.1	140.8	145.4
BP0F	108.8	137.1	143.6
BP2	147.1	156.5	161.5
BP2F	121	154.9	166.8
BP2F-1	118	154.6	163.1
BP2H	137.8	148.7	162.7
BP2FH	113.7	147.8	167.4

图 7-21（a）中对界面剥离荷载进行了比较。预应力加固后的试件的剥离荷载增大了 10.5%。预应力的应用增大了胶层的剥离荷载，说明预应力可以有效地延缓胶层的剥离，这与理论分析结果一致。而过载疲劳损伤造成界面的微裂缝，影响了加固梁的剥离荷载，预应力试件和非预应力试件的剥离荷载分别下降了 17.7% 和 18.3%。同样，干湿循环暴露可以软化胶层，有干湿循环的预应力试件的剥离荷载下降了 6.3%。在过载疲劳损伤和干湿循环的共同作用下，预应力试件的剥离荷载下降了 22.7%。

对比经受相同的过载疲劳损伤次数的试件 BP0F 和 BP2F，BP2F 的剥离荷载比 BP0F

的大 11.2%。即使受到过载疲劳损伤和干湿循环的共同作用，试件 BP2FH 的剥离荷载仍比试件 BP0F 的大。这表明预应力 CFRP 加固在抵抗疲劳和干湿循环方面具有较大的优势。

图 7-21（b）显示了各加固钢梁的极限荷载。如图所示，预应力加固后，试件 BP2 的极限荷载增加了 11.1%。另外，干湿循环、过载疲劳损伤及其共同作用对加固梁的极限荷载影响很小。这一现象可以从以下几个方面来解释：（1）疲劳损伤的影响局限于缺陷附近的胶层；（2）CFRP 板具有良好的耐久性和抗疲劳性；（3）预应力试件的破坏模式以 CFRP 板的断裂为特征。

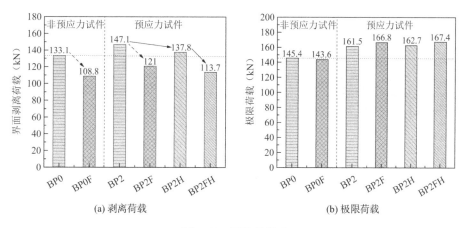

(a) 剥离荷载　　　　　　　　　　(b) 极限荷载

图 7-21　试件承载力

（4）CFRP 应变发展

各试件的荷载-应变关系如图 7-22 所示，所有试件都表现出类似的变化过程。由于缺陷的存在，位于缺陷处的 CFRP 板分担了最大的荷载，并且表现出最快的应变增长速度。在界面剥离后，缺陷附近的 CFRP 的应变开始迅速增大，并逐渐接近 G6 的应变，表明界面剥离区逐渐扩大。这一现象与相关研究一致[8-9]。对于有端部锚固的试件，当达到极限荷载时，大多数应变片的应变接近于 G6（跨中）的应变，表明界面已经完全剥离。对于没有端部锚固系统的试件（图 7-22a），只有缺陷周围的 CFRP 应变接近于 G6 的应变，其他部位的应变还较小，表明仅仅缺陷周围的 CFRP 的强度得到了充分利用。

图 7-23 显示了 CFRP 板在不同荷载水平下的纵向应变分布。随着荷载的增加，在缺陷处明显出现了应力集中，具体表现为 CFRP 板的应变从跨中向两端逐渐减小。在达到剥离荷载时，最大应变区从跨中向两侧扩散。当界面剥离转移到端部锚具时，端部锚具附近的应变几乎与 CFRP 板一起保持不变。当达到极限荷载时，CFRP 板完全从梁上脱离，CFRP 板的应变几乎相等。这验证了界面剥离开始于缺陷周围并扩展到 CFRP 板的两端。此外，对于没有端部锚具的试件，在开始剥离后，随着荷载的增大，CFRP 板很快脱离，而且 CFRP 的应变普遍小于有端部锚具的 CFRP，这意味着端部锚具可以进一步提高 CFRP 的承载能力，实现 CFRP 强度的充分利用。与有/无过载疲劳损伤或干湿循环的端部锚固试件的应变分布相比，CFRP 的失效应变很接近，这说明端部锚固显示出良好的抗疲劳和抗干湿循环能力。

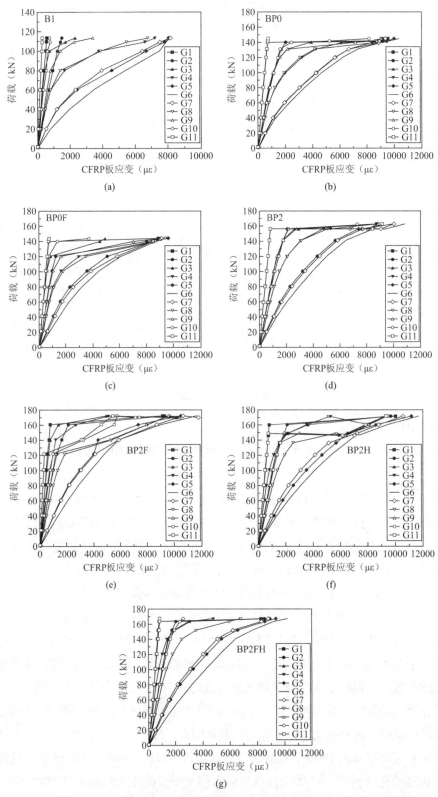

图 7-22　静载过程中 CFRP 应变发展

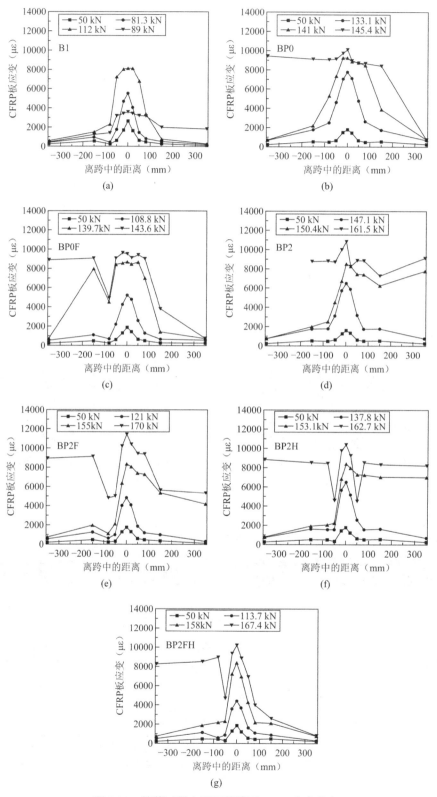

图 7-23　静载过程中不同荷载下 CFRP 应变分布

（5）破坏模式

通过采集的照片可以清晰地观察到界面从缺陷处开始的剥离过程。随着荷载增加到一个临界值，界面发生瞬间剥离，导致荷载产生突降，这与以前的研究一致[9]。试件在突然剥离后仍能承受荷载，因为 CFRP 的瞬间剥离并没有达到 CFRP 的末端。试件的失效模式如图 7-24 和表 7-9 所示。对于没有端部锚固的试件，CFRP 从一侧完全脱离。对于有端部锚固的非预应力试件，其失效模式是 CFRP 板从端部锚固处抽出，而对于有端部锚固的预应力试件，无论是受过载疲劳损伤还是干湿循环的影响，CFRP 板的失效模式都是 CFRP 断裂和 CFRP 从端部锚固处抽出的混合模式，这意味着预应力施加后 CFRP 板的强度利用率达到了最高。此外，对于有端部锚固的试件，CFRP 从其中一个端部锚固处抽出，表明端部锚固是保持抗弯性能的关键。

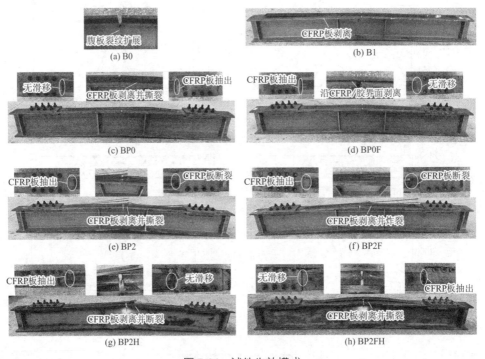

图 7-24　试件失效模式

试件破坏模式　　　　　　　　　　　　　　　　　　　　表 7-9

试件编号	破坏模式
B0	钢梁腹板缺陷出现裂纹并扩展，钢梁压弯破坏
B1	缺陷处开始剥离，CFRP 板一端全部剥离，一端粘结在钢梁上，腹板裂纹扩展，钢梁压弯
BP0	缺陷处开始剥离，CFRP 板一端剥离至平板锚处，另一端从平板锚中抽出，腹板裂纹开裂，钢梁压弯破坏
BP2	缺陷处开始剥离，CFRP 板一端从平板锚中抽出，另一端及跨中 CFRP 板断裂，腹板裂纹开裂，钢梁压弯破坏
BP2H	缺陷处开始剥离，CFRP 板一端从平板锚中抽出，跨中 CFRP 板断裂，腹板裂纹开裂，钢梁压弯破坏

试件编号	破坏模式
BP0F	CFRP 板一端剥离至平板锚处，另一端从平板锚中抽出，腹板裂纹张开，钢梁压弯破坏
BP2F	CFRP 板一端从平板锚中抽出，另一端及跨中 CFRP 板断裂，腹板裂纹张开，钢梁压弯破坏
BP2FH	CFRP 板一端从平板锚中抽出，CFRP 板撕裂，腹板裂纹扩展，钢梁压弯破坏

（6）CFRP 板极限应变对比

为评估 CFRP 板的强度利用率，将每个加固梁在极限荷载下的跨中 CFRP 应变以试件 B1 为基础进行归一化处理，如图 7-25 所示。非预应力试件的初始应变为 0，预应力试件的初始应变为 CFRP 预紧力释放后的应变。从图中可以看出，试件 BP0（有端部锚固）在极限荷载下的 CFRP 应变是试件 B1（无端部锚固）的 3.19 倍，说明端部锚固可以提高 CFRP 板的强度利用率。

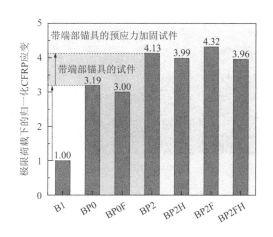

图 7-25　极限荷载下的归一化 CFRP 应变

由于预应力引入的初始应变，试件 BP2（带预应力 CFRP 和端部锚固）的 CFRP 应变与非预应力试件 B1（无端部锚固）相比增加到 4.13 倍。这说明预应力 CFRP 加固进一步提高了 CFRP 高强度性能的利用率。此外，所有带有预应力 CFRP 和端部锚固的试件都呈现出较高的 CFRP 应变水平，但在干湿循环暴露后，CFRP 在极限荷载下的应变有轻微的下降（BP2H 和 BP2FH 试件）。

7.3　干湿循环下预应力 CFRP 加固缺陷钢梁疲劳性能研究

7.3.1　试件加载及测量方案

由于实验条件的限制，疲劳加载不能与干湿循环暴露同步进行。因此，对于试件 BPH，首先进行干湿循环暴露，然后再进行疲劳加载。在干湿循环暴露之后，所有的试件都在 MTS

（50t）的四点弯曲下被加载到失效，如图 7-26（a）所示。当界面剥离至端部锚固处时停止加载。加载点之间的间距为 300mm。在疲劳加载之前，试件被预载到 10kN，以确保试件和支撑之间的牢固接触。疲劳荷载是以频率 4Hz 的正弦波。为了加速疲劳试验，参考了 7.2 节中过载疲劳损伤的参数。试件 B2、BP 和 BPH 的荷载范围是 13.3～66.5kN。试件 BP-1 的荷载范围为 11.4～57kN。

在测试过程中，荷载和疲劳周期由 MTS 内置的数据采集系统记录。钢梁挠度由 LVDT 测量，CFRP 的应变分布由 17 个应变片获得，如图 7-26（b）所示。相关数据通过采集仪记录。在疲劳试验期间，将一段尺子安装在腹板上来测量腹板裂缝的长度。使用一个拍摄频率为 1Hz 的相机连续跟踪腹板裂纹的发展过程。此外，在裂纹尖端布置 1 个应变片用于监测缺陷处的开裂应变。CFRP 上的 17 个应变片用于监测界面的剥离状况，当其他区域 CFRP 的应与缺陷位置的应变相近时，就认为发生了界面剥离。

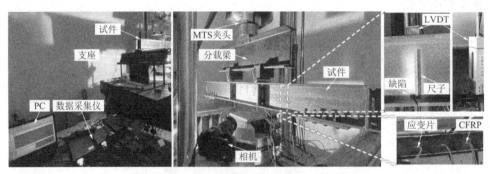

(a) 试验加载装置

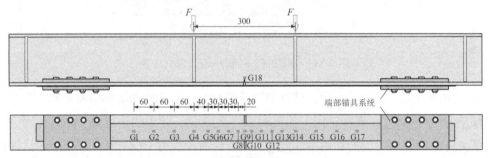

(b) 应变片布置形式

图 7-26 疲劳试验加载装置

7.3.2 试验结果及分析

（1）失效模式

所有试件的腹板裂缝和界面剥离的起始和扩展情况都很相似。随着加载周期的增加，裂缝首先在缺陷尖端开始扩展，然后是在缺陷位置开始出现界面剥离。当界面剥离扩展到加载点（纯弯矩区）之外时，观察到界面剥离快速扩展。在试件失效后，观察到试件中不同的腹板裂纹扩展。

图 7-27 中比较了试件失效时的裂纹扩展情况。有预应力的试件（试件 BP 和 BPH）的腹板裂纹长度大约是没有预应力的试件（试件 B2）的 2 倍。腹板裂缝长度（包括试件 B2 的初始缺陷长度）扩展了 55mm，约为钢梁高度的 36.7%。相反，试件 BP 和 BPH 相应的裂缝长度分别扩展了 110mm 和 113mm，约为钢梁高度的 73.3% 和 75.3%。这一现象表明，预应力 CFRP 加固有利于缺陷钢梁剩余强度的利用。

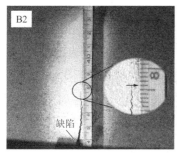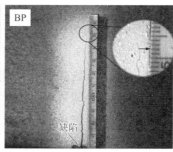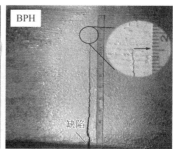

图 7-27　加固梁腹板裂纹扩展

（2）疲劳寿命

在疲劳加载过程中，当跨中应变（图 7-26a 中的应变片 G9）与相邻的应变（图 7-26a 中的应变片 G8 或 G10）相近时，可以认为界面开始剥离。疲劳寿命 N_i、N_b 和 N_f 是指当界面剥离开始时、界面剥离达到加载点时和界面剥离达到端部锚固系统时的疲劳加载循环次数。N_i 和 N_b 与 N_f 的比例用 R_i 和 R_b 表示。试验结果如表 7-10 所示，并在图 7-28 中进行了比较。很明显，预应力 CFRP 板大大提高了试件的抗疲劳能力。与试件 B2 相比，试件 BP 的抗疲劳能力 N_i 和 N_f 分别增加了 3.47 倍和 7.83 倍。此外，B2 和 BP 的剥离起始寿命占总疲劳寿命 R_i 的比例分别为 63% 和 32%。这表明，预应力 CFRP 加固可以延迟界面剥离。

试件不同阶段的疲劳寿命　　　　　　　　　　　　　表 7-10

试件	预应力 （F_p/f_u）	干湿循环 （d）	加载幅值 （kN）	N_i（次）	R_i	N_b（次）	R_b	N_f（次）
B2	0	0	13.3-66.5	3236	0.63	3869	0.75	5172
BP	25	0	13.3-66.5	14460	0.32	38871	0.85	45670
BPH	25	90	13.3-66.5	9464	0.28	27614	0.83	33227
BP-1	25	0	11.4-57	20156	—	—	—	—

注：f_u 为 CFRP 的抗拉强度，N_i、N_b 和 N_f 分别为界面剥离开始时、界面剥离达到加载点时和界面剥离达到末端锚固系统时的疲劳加载循环数。R_i 和 R_b 是 N_i 和 N_b 与 N_f 的比值。试件 BP-1 只记录了发生界面剥离的数据。

此外，试件 BP 的界面剥离从缺陷位置扩展到加载点的疲劳次数大约是试件 B2 的 39 倍。这意味着预应力 CFRP 加固降低了界面剥离的扩展速度。试件 B2 的疲劳寿命 N_b 为总疲劳寿命的 75%，而试件 BP 的疲劳寿命为 85%。因此，带有预应力 CFRP 的试件在抗剥离性方面表现得更好。

相反，与试件 BP 相比，试件 BPH（有干湿循环暴露）的疲劳寿命 N_i 和 N_f 分别下降了

34.6%和27.2%。这一差异表明，干湿循环暴露对界面剥离的开始和扩展有不利影响。这是因为水分渗透通过塑化（可逆）或水解（不可逆）影响环氧树脂粘结胶的性能，导致粘结胶的强度和刚度下降[10-11]。此外，NaCl浓度也会影响粘结胶的拉伸强度，因为粘结胶中的可溶性化合物更容易被析出[12]。

（3）CFRP应变分布及界面剪应力

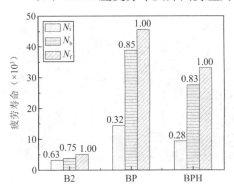

图 7-28 不同界面剥离阶段的疲劳次数

图 7-29 展示了试件 B2、BP 和 BPH 在最大荷载（66.5kN）下沿 CFRP 板的应变分布。应变集中在跨中处，在界面剥离之前，随着远离跨中的距离增大呈现出下降的趋势。随着疲劳循环次数的增加，在跨中附近的 CFRP 应变相近并出现一个平台，表明出现了界面剥离区。当界面剥离扩展到端部锚固系统时，CFRP 的应变几乎达到一致。尽管界面剥离接近了端部锚固系统，但由于端部锚具的存在，加固梁仍能承受进一步的荷载，这也证明了端部锚固系统的优势[9]。

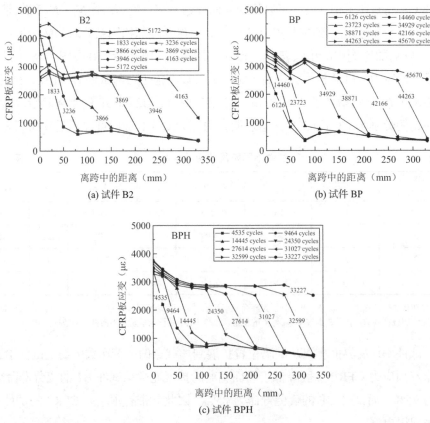

(a) 试件 B2

(b) 试件 BP

(c) 试件 BPH

图 7-29 最大荷载下 CFRP 板的应变分布

（注：图线上的数字为疲劳循环次数）

界面剪应力与 CFRP 的应变梯度成正比,而梁翼缘的应变相较于 CFRP 板的应变相对很小,几乎可以忽略[13-14]。因此,界面剪应力可以简单地利用 CFRP 应变确定[13],如式(7-1)所示。

$$\tau_i = \frac{\varepsilon_i - \varepsilon_{i+1}}{L_{i+1} - L_i} E_p t_p \tag{7-1}$$

式中：　ε_i 和 ε_{i+1}——第 i 和 $i+1$ 个应变片的应变值;

　　　　L_i 和 L_{i+1}——i 和 $i+1$ 应变片的坐标;

　　　　E_p 和 t_p——CFRP 板的弹模和厚度;

　　　　τ_i——第 i 个应变片处的平均应变。

在最大荷载(66.5kN)下,由公式(7-1)计算出的界面剪应力的分布如图 7-30 所示。随着加载周期的增加,界面剪应力集中出现在靠近中跨的有限区域,并向 CFRP 端部传播。此外,高应力区域的峰值保持下降趋势,意味着循环加载引入的界面损伤不断累积。

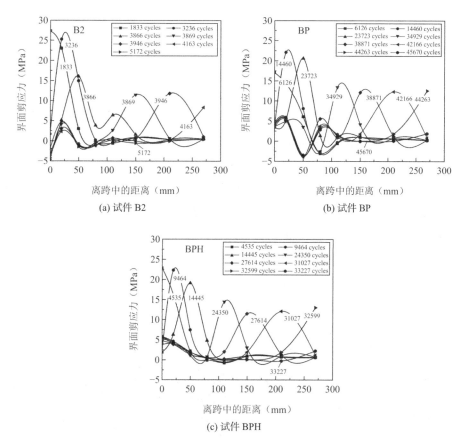

图 7-30　不同疲劳循环次数下的界面剪切应力分布

(注：图线上的数字为疲劳循环次数)

（4）钢梁裂纹及界面剥离扩展

图 7-31（a）中描述了腹板裂缝长度与加载次数的关系,图 7-31（b）中比较了裂缝扩展速率。从图 7-31（a）可以看出,有预应力的试件,腹板裂纹开始的疲劳寿命大大增加。

碳纤维增强复合材料加固钢构件耐久性能研究

当试件加载到失效时，预应力试件（BP 和 BPH）的腹板裂纹扩展长度明显大于试件 B2。如图 7-31（b）所示，预应力试件 BP 和 BPH 显示出比试件 B2 更慢的裂纹扩展速度。原因是预应力 CFRP 加固可以通过在缺陷尖端引入压应力来减缓钢梁缺陷尖端的开裂[9]。与试件 BP 相比，试件 BPH 的腹板裂纹扩展率在干湿循环暴露后略有增加。这是因为干湿循环引起的过早界面剥离削弱了预应力 CFRP 对缺陷的抑制作用。

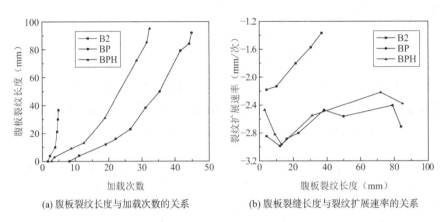

(a) 腹板裂纹长度与加载次数的关系　　(b) 腹板裂缝长度与裂纹扩展速率的关系

图 7-31　腹板裂纹扩展规律

剥离区域与 CFRP 板的应变梯度有关系，因此界面剥离扩展可以通过 CFRP 板的应变分布来估计[14-15]。根据不同加载次数下记录的 CFRP 应变梯度，可得试件的界面剥离长度，如图 7-32（a）所示。比较试件 B2 和 BP 的界面剥离开始的疲劳次数（界面剥离长度为 0），可以看出，预应力 CFRP 加固后界面剥离得到了明显延迟。然而，通过比较试件 BP 和 BPH，干湿循环暴露加速了加固梁的界面剥离。没有预应力的试件（B2）的界面剥离长度表现出陡峭的增长趋势，而有预应力的试件（BP 和 BPH）表示出缓慢增长然后加速增长的趋势。

加固梁的界面剥离扩展速率如图 7-32（b）所示。与腹板裂纹扩展类似，试件 BP 和 BPH 的界面剥离扩展速率明显低于试件 B2，说明预应力 CFRP 有利于减缓界面剥离的扩展率。这也与理论分析的结果一致。然而，在干湿循环暴露后，试件 BPH 的界面剥离发展速度增大。

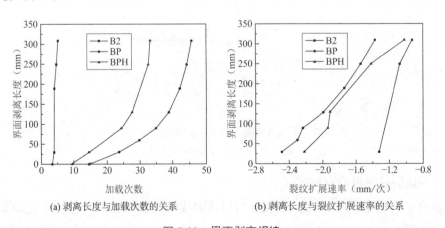

(a) 剥离长度与加载次数的关系　　(b) 剥离长度与裂纹扩展速率的关系

图 7-32　界面剥离规律

184

（5）刚度退化

疲劳加载期间，试件中跨的挠度由 LVDT 获得。图 7-33 中绘制了不同加载次数下中跨的峰值位移曲线。试件 BP 和 BPH 的初始位移略小于试件 B2，表明预应力 CFRP 有助于提高钢梁的刚度。随着加载次数的增加，试件 B2 在峰值荷载下的位移表示出最大的增加速率。当加载到疲劳寿命N_b时，试件 B2 的位移为 3.4mm。然后，试件 B2 的位移在少量的疲劳次数内增加到 5.6mm。在达到疲劳寿命N_b之前，试件 BP 的位移呈现加速增长的趋势，而试件 BPH 则表现为线性增长的趋势。试件 BP 和 BPH 在疲劳寿命N_b时的位移分别达到 4.2mm 和 4.5mm。之后，试件 BP 和 BPH 的位移迅速增加到 5.3mm 和 5.4mm。与每个试件的初始位移相比，试件失效时的最大位移增加了 80% 以上。

将加固后的钢梁在不同加载次数的刚度（每个加载周期内的荷载范围与位移差的比率）进行归一化处理并在图 7-34 中进行了比较。所有试件的刚度下降随着加载次数的增加逐渐变得更加明显。试件 BP 的刚度显示出最低的下降率，表明预应力 CFRP 板能降低刚度衰减。在干湿循环暴露后，试件 BPH 显示出较快的刚度衰减速率。这是由于干湿循环导致的界面性能劣化加速了界面剥离速率。当界面剥离扩展到加载点（达到疲劳寿命N_b）时，试件 B2、BP 和 BPH 的刚度分别下降 6.5%、35% 和 37.2%。当界面剥离扩展到加载点以外时，所有试件的刚度分别下降了 24.2%、54.2%、55.1%。由于试件 B2 的界面剥离发展比其他两个试件快，试件 B2 的腹板裂缝长度比 BP 和 BPH 试件的短。因此，当梁被加载到破坏时，试件 B2 的残余刚度相对较大。

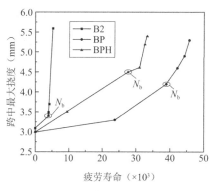

图 7-33　疲劳峰值下的挠度变化曲线

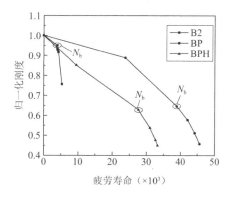

图 7-34　归一化刚度

7.3.3　预应力加固缺陷钢梁的疲劳寿命预测

1）S-N曲线及无裂纹寿命预测

疲劳加载过程中的峰值荷载产生的界面主应力对界面剥离至关重要[16]。基于第 2 章的理论分析，给出了缺陷位置的界面最大主应力与界面剥离开始的疲劳寿命S-N曲线。缺陷位置的界面最大主应力[17-18]的计算公式参考第 2.2 节。但相应的边界条件如下：

（1）在端部锚固区，CFRP 中的纵向力等于所施加的预应力：

$$N_f = F_p \tag{7-2}$$

式中：N_f——CFRP 板的纵向轴力。

（2）在缺陷位置，考虑温度变化和预应力，忽略 CFRP 板的弯矩，根据缺陷处的拉力和弯矩平衡及变形协调条件，缺陷位置 CFRP 的纵向力可由式(2-26)得出。

根据上述端部锚固和缺陷位置的边界条件，可以给出相应的待定系数。因此，试件 B2、BP 和 BP-1 在缺陷位置的界面最大主应力（$\sigma_{1,max}$）通过公式(2-11)计算。表 7-11 和图 7-35 展示了试件 B2、BP 和 BP-1 的界面最大主应力（$\sigma_{1,max}$）和界面无裂纹寿命，即界面剥离开始的疲劳寿命（N_i）。如图所示，界面最大主应力与界面无裂纹寿命的对数呈线性关系。通过对数函数拟合的最佳拟合方程如下（相关系数$R = 0.996$）：

$$\sigma_{1,max} = -27.6 \times \lg(N_1) + 135.3 \tag{7-3}$$

式中：$\sigma_{1,max}$——缺陷处最大界面主应力；

N_1——界面无裂纹寿命。

试件界面主应力和无裂纹寿命 表 7-11

试件	界面主应力（MPa）	无裂纹寿命（次）
B2	38.15	3236
BP	21.13	14460
BP-1	15.68	20156

界面剥离与粘结强度有很大关系。因此，该 S-N 曲线可用于预测预应力 CFRP 板加固缺陷钢梁在疲劳荷载下的界面无裂纹寿命的整体趋势。为了建立更加可靠的预测模型，仍需进一步设计实验并收集更多的实验数据。

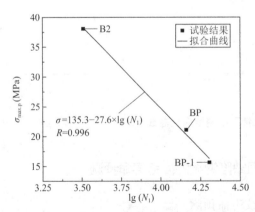

图 7-35　界面主应力与界面无裂纹寿命关系

2）界面裂纹扩展及其寿命预测

从以上试验结果来看，界面剥离扩展的疲劳次数在疲劳寿命中占有很大比例，这说明对界面剥离扩展寿命预测具有重要意义。根据 Paris 定律，界面剥离扩展率db/dN与能量释放率G之间的关系可以表示为[33]。

$$\frac{db}{dN} = CG^m \tag{7-4}$$

式中：G——界面能量释放率，可由公式(2-77)计算；

C和m——Paris Law 中的材料参数。

为了研究界面剥离扩展率da/dN和相应的最大能量释放率G_{max}的关系，试件 BP 和 BPH 的测试结果在表 7-12 中列出，并绘制在图 7-36 中。该图以对数为坐标，可以看出各试件都呈现出线性关系，因此对测试结果进行线性拟合。本章研究是通过 CFRP 板上纵向分布的应变片来确定剥离过程。当 CFRP 的应变与缺陷位置的应变相近时，认为界面剥离。这种方法高度依赖于应变测量的准确性。由于疲劳加载过程中试件的振动，当试件 BPH 的界面剥离扩展到 60mm 时，应变片受到影响，这导致界面剥离扩展率的计算值与其他数据有偏差，因此，在曲线拟合过程中舍弃了这一数据。试件 BP 和 BPH 的拟合方程表示为公式(7-5)和公式(7-6)，相关系数分别为 0.999 和 0.945。

$$\frac{db}{dN} = 10^{-7.025} \times (G_{max})^{0.51} \tag{7-5}$$

$$\frac{db}{dN} = 10^{-6.221} \times (G_{max})^{0.33} \tag{7-6}$$

界面剥离速率及相应的界面能量释放率　　　　　　　　　表 7-12

界面剥离长度（mm）	db（mm）	BP				BPH			
		疲劳次数	dN（次）	G_{max}（N/m）	db/dN（×10^{-3}mm/次）	疲劳次数	dN（次）	G_{max}（N/m）	db/dN（×10^{-3}mm/次）
0		14460				9464			
30	30	23720	9260	1010	3.24	14445	4981	1110	6.02
60	30	29757	6037	2440	4.97	21747	7302	4180	4.11
90	30	34929	5172	3130	5.80	24350	2603	5150	11.53
130	40	38871	3942	9530	10.15	27614	3264	10490	12.25

图 7-36 中的拟合线显示，干湿循环暴露增加了界面剥离的增长速度，同时降低了拟合线的斜率。这些变化反映在裂纹扩展参数C从 $10^{-7.025}$ 增加到 $10^{-6.221}$，扩展指数m从 0.51 下降到 0.33。原因是干湿循环降低粘结强度导致过早的剥离，而水软化的粘结胶表现出延展性[1]。由于本研究中试件的数量有限，未来的研究需要收集更多的实验数据，以建立更加精确的模型来预测干湿循环暴露下加固钢梁的界面剥离速率。

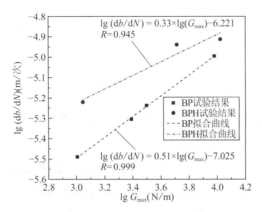

图 7-36　界面剥离速率与界面能力释放率关系

7.4　小结

本章对室温和干湿循环下预应力 CFRP 加固缺陷钢梁的预应力损失进行了监测，并对干湿循环和过载疲劳损伤共同作用下预应力 CFRP 加固缺陷钢梁的抗弯性能进行了试验研究，此外还对干湿循环作用下的预应力 CFRP 加固缺陷钢梁的疲劳性能进行了研究，得出以下结论：

（1）预应力损失主要发生在界面胶未完全固化阶段。干湿循环暴露会软化粘结界面，导致 CFRP 预应力损失持续增加。即便如此，与初始预应力相比，总预应力损失小于 2.65%，这意味着即使在侵蚀性环境中，端部锚固也能有效地保持 CFRP 预应力。

（2）预应力加固可以有效降低缺口尖端和相邻粘结界面的界面应力集中，减少疲劳加载过程中界面累积过载疲劳损伤。疲劳荷载 400 次循环时应变范围的变化表明，界面过载疲劳损伤主要出现在缺口处。过载疲劳损伤和干湿循环对界面剥离荷载有很大影响，综合效应对界面剥离的影响最差。然而，过载疲劳损伤、干湿循环及其组合效应对加固梁的刚度和承载力影响不大。

（3）在过载疲劳损伤和/或干湿循环作用下，具有端锚的预应力试件的破坏模式呈现出 CFRP 断裂和 CFRP 从端锚拔出的混合破坏模式，这一现象表明，在应用端锚和预应力 CFRP 后，CFRP 板的强度得到了充分利用。

（4）在疲劳加载过程中，缺口尖端首先发生裂纹，然后界面剥离开始并从缺口位置扩展到 CFRP 端部。当试件加载至破坏状态时，预应力试件 BP 和 BPH（有/无干湿循环暴露）的腹板裂纹扩展长度远大于非预应力试件 B2，表明预应力 CFRP 加固缺陷钢梁具有更高的强度利用率。

（5）预应力 CFRP 板可以大大提高加固梁界面脱胶的疲劳起始寿命。预应力 CFRP 加固后，试件界面剥离起始和失效的疲劳寿命分别提高了 3.47 倍和 7.83 倍。然而，干湿循环暴露后试样的界面剥离起始和失效的疲劳抗力分别降低了 34.6% 和 27.2%。

（6）预应力 CFRP 板还可以显著延缓腹板裂纹的扩展，延缓界面剥离过程。因此，预应力 CFRP 加固后，试样的刚度衰减得到了改善。当试件加载至失效时，B2、BP 和 BPH 的刚度分别降低了 24.2%、54.2%和 55.1%。

（7）提出了一种基于缺陷位置最大主界面应力的*S-N*曲线，以预测界面无裂纹寿命的趋势，该寿命随着界面最大主应力的减小而增加。此外，基于 Paris 定律，给出了有/无干湿循环暴露的加固梁界面剥离扩展速率的预测公式。

参考文献

[1] HMIDAN A, KIM Y J, YAZDANI S. Correction factors for stress intensity of CFRP-strengthened wide-flange steel beams with various crack configurations[J]. Construction and Building Materials, 2014, 70: 522-530.

[2] HMIDAN A, KIM Y J, YAZDANI S. CFRP Repair of Steel Beams with Various Initial Crack Configurations[J]. Journal of Composites for Construction, 2011, 15(6): 952-962.

[3] 贾永辉. 预应力 CFRP 板加固带缺陷钢梁抗弯性能试验研究[D]. 广州: 广东工业大学.

[4] 王丹生, 吴宁, 朱宏平. 光纤光栅传感器在桥梁工程中的应用与研究现状[J]. 公路交通科技, 2004, 21(2): 57-61.

[5] GHAFOORI E, MOTAVALLI M. Flexural and interfacial behavior of metallic beams strengthened by prestressed bonded plates[J]. Composite Structures, 2013, 101: 22-34.

[6] KIANMOFRAD F, GHAFOORI E, ELYASI M M, et al. Strengthening of metallic beams with different types of pre-stressed un-bonded retrofit systems[J]. Composite Structures, 2017, 159: 81-95.

[7] GHAFOORI E, MOTAVALLI M. Normal, high and ultra-high modulus carbon fiber-reinforced polymer laminates for bonded and un-bonded strengthening of steel beams[J]. Materials & Design, 2015, 67: 232-243.

[8] LI J, DENG J, WANG Y, et al. Experimental study of notched steel beams strengthened with a CFRP plate subjected to overloading fatigue and wetting/drying cycles[J]. Composite Structures, 2019, 209: 634-643.

[9] LI J, WANG Y, DENG J, et al. Experimental study on the flexural behaviour of notched steel beams strengthened by prestressed CFRP plate with an end plate anchorage system[J]. Engineering Structures, 2018, 171: 29-39.

[10] WANG Y, LI J, DENG J, et al. Bond behaviour of CFRP/steel strap joints exposed to overloading fatigue and wetting/drying cycles[J]. Engineering Structures, 2018, 172: 1-12.

[11] LI S, HU J, LU Y, et al. Durability of CFRP Strengthened Steel Plates Under Wet and Dry Cycles[J]. International Journal of Steel Structures, 2018, 18(2): 381-390.

[12] LU Z, LI J, XIE J, et al. Durability of flexurally strengthened RC beams with prestressed CFRP sheet

under wet–dry cycling in a chloride-containing environment[J]. Composite Structures, 2021, 255: 112869.

[13] YU Q, WU Y. Fatigue retrofitting of cracked steel beams with CFRP laminates[J]. Composite Structures, 2018, 192: 232-244.

[14] WANG H, WU G, DAI Y, et al. Determination of the bond-slip behavior of CFRP-to-steel bonded interfaces using digital image correlation[J]. Journal of Reinforced Plastics and Composites, 2016, 35(18): 1353-1367.

[15] ZHENG B, DAWOOD M. Debonding of Carbon Fiber-Reinforced Polymer Patches from Cracked Steel Elements under Fatigue Loading[J]. Journal of Composites for Construction, 2016, 20(6): 04016038.

[16] DENG J, LEE M M K. Fatigue performance of metallic beam strengthened with a bonded CFRP plate[J]. Composite Structures, 2007, 78(2): 222-231.

[17] DENG J, JIA Y, ZHENG H. Theoretical and experimental study on notched steel beams strengthened with CFRP plate[J]. Composite Structures, 2016, 136: 450-459.

[18] LI J, ZHU M, DENG J. Flexural behaviour of notched steel beams strengthened with a prestressed CFRP plate subjected to fatigue damage and wetting/drying cycles[J]. Engineering Structures, 2022, 250: 113430.

[19] DENG J, LEE M M K. Adhesive bonding in steel beams strengthened with CFRP[J]. Proceedings of the Institution of Civil Engineers-Structures and Buildings, 2009, 162(4): 241-249.